人生風景 · 全球視野 · 獨到觀點 · 深度探索

belle vue 36

引爆故事力
頂尖創意大師開講，打造高效行銷和說故事技巧的21堂課

作　　者　紀雍・拉瑪（Guillaume Lamarre）
譯　　者　馬向陽
執 行 長　陳蕙慧
總 編 輯　曹　慧
主　　編　曹　慧
封面設計　比比司設計工作室
內頁排版　楊思思
行銷企畫　陳雅雯、林芳如、汪佳穎
社　　長　郭重興
發行人兼出版總監　曾大福
編輯出版　奇光出版／遠足文化事業股份有限公司
E-mail: lumieres@bookrep.com.tw
粉絲團：https://www.facebook.com/lumierespublishing
發　　行　遠足文化事業股份有限公司
http://www.bookrep.com.tw
23141新北市新店區民權路108-4號8樓
電話：(02) 22181417
客服專線：0800-221029　傳真：(02) 86671065
郵撥帳號：19504465　戶名：遠足文化事業股份有限公司
法律顧問　華洋法律事務所 蘇文生律師
印　　製　呈靖彩藝有限公司
初版一刷　2022年8月
定　　價　380元
I S B N　978-626-96139-1-5
978-626-9613939（EPUB）
978-626-9613922（PDF）

歡迎團體訂購，另有優惠，請洽業務部（02）22181417分機1124、1135

引爆故事力：頂尖創意大師開講，打造高效行銷和說故事技巧的21堂課 / 紀雍・拉瑪（Guillaume Lamarre）著；馬向陽譯. -- 初版. -- 新北市：奇光出版：遠足文化事業股份有限公司發行, 2022.08

面；　公分

譯自：L'art du storytelling : manuel de communication

ISBN 978-626-96139-1-5（平裝）

1. CST：行銷學　2.CST：說故事

496　　111008688

線上讀者回函

故事力引爆

Manual de communication

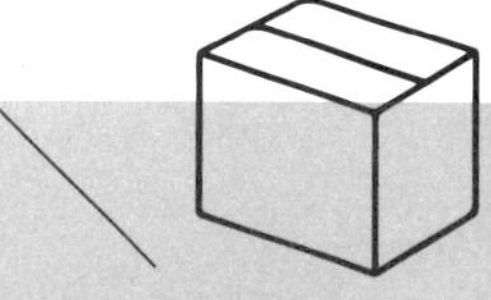

頂尖創意大師開講，打造
高效行銷和說故事技巧的21堂課

L'ART DU STORYTELLING

法國資深藝術指導&創意顧問
紀雍・拉瑪 Guillaume Lamarre 著　馬向陽　譯

「心是半個先知。」

意第緒諺語

「你說想當個搖滾巨星？現在聽我告訴你

只要手裡抓把電吉他，花點時間玩一玩

頭髮甩得漂亮，褲子緊緊，一切都沒問題」

The Byrds, « *So, you want to be a rock and roll star* »,

Chris Hillman, Roger McGuinn, 1967

Contents

「站在十字路口」

一個世紀以來，有個故事讓吉他手代代相傳。這個故事幾乎和藍調本身一樣古老，內容是關於羅伯．強生（Robert Johnson）的傳奇人生，他是美國有史以來最偉大的吉他手與歌手之一，1911年出生在密西西比州中部，一個叫做黑澤赫斯特（Hazlehurst）的小地方，一生只錄製了大約30首歌曲。不過這些作品深深地影響了音樂的發展，還啟發了好幾千名藝術家，包括吉米．罕醉克斯（Jimi Hendrix）、艾瑞克．克萊普頓（Éric Clapton）、巴布．狄倫（Bob Dylan），以及滾石樂團吉他手基思．理查茲（Keith Richards）等知名人物。

強生十歲左右開始彈吉他，經過幾年的練習，他在羅賓遜維爾（Robinsonville）遇到當時偉大的吉他手桑．浩斯（Son House）。浩斯嘲笑少年強生的演奏方式，建議他不如吹吹口琴。惱怒的強生轉身離去，回到家鄉，度過兩年沉潛的時光。當他再次回到羅賓遜維爾，又遇到了桑．浩斯，並彈奏給他聽。不過這一次，樂壇老手對習藝青年的進步驚訝不已。羅伯．強生的傳奇就此誕生。

有人問他是什麼原因讓他能有這樣的進步時，他跳過自己投注時間心力練習，避開自己技術與心靈的導師艾克．齊默曼（Ike Zimmerman）對他的影響。強生選擇述說一個完全不同的故事。

他說有天晚上，他在離克拉克斯代爾（Clarksdale）不遠的地方迷路了，置身在一個十字路口上。精疲力竭不知該往哪兒走，於是倒在路旁的旱溝睡著了。後來一陣冷風將他喚醒，瞬間有個身材魁梧的男人，戴著大大的寬邊帽，出現在他面前。年輕的強生坦言自己當時完全不敢直視對方。陌生人一把抄起強生的吉他開始調音，撥弄了幾個音符後，把吉他遞過來，又突然消失了。從那一刻起，強生說，自己就知道如何能夠彈得與眾不同。還用說嗎，那個陌生人就是魔鬼，用獨特的才華交換藝術家的靈魂。

這個帶有浮士德氣息的故事，將音樂家的經歷轉變成神話。從此以後，它便一直滋養著世界各地數百萬名音樂家的想像力。這個傳奇完美展示了什麼叫做說故事，也就是編造和敘述故事的技藝。要知道，強生不僅親口把這個故事，說給所有感興趣的人聽，他還在《路口藍調》（Cross road blues）這首歌裡把它唱出來。而且他在自己的歌曲創作中，不斷提到魔鬼和幽冥世界。而他的死，本身也是既詭異又神祕，沒有人真的知道他去世時的情況。強生利用說故事的才華，成功地為自己的天資和毅力，賦予神奇而奧妙的想像空間。他使用今天所謂的都市傳奇的元素，虛構出自己的際遇。

由於這段傳說的技巧，在於科學與人文的交集、不同道路的會合，所以能為故事的呈現，舉出另一個特點，那就是說故事的人必須能將鯉魚和兔子、藝術和實用、靈感和理性融會起來。他必須在行銷、傳播，甚至經濟學方面，擁有扎實的技能，同時又能從人類整體的故事和記敘中獲得啟發。請放心，這些資源就是寶庫，它的容量和希臘神話中達那伊得斯姊妹（Danaïdes）的桶子同樣深邃，因為所有的一切都是說故事的材料：文學、神話、傳奇、電影、電視影集、歌劇，還有回憶、信仰或個人的創傷……

故事的名單無窮無盡。接下來我們會看到，它也是人類的特性之一。正是這一點使得敘述的技藝如此迷人、如此難以掌握。女作家安·拉莫特（Anne Lamott）曾經說過，虛構並講出一個好故事，就像給貓洗澡一樣簡單而愉快。這就是為什麼每個人都在談論說故事的技巧，但很少有人實際、或是有意演練一番。

在本書中，我們會試著回答一些問題，來掌握眾所周知的、故事的力量。它到底是什麼？怎麼開始？我們也會看到它具有不同的表現形式，尤其是在當前的數位時代。我們將探討故事如何深植在記憶之中：吸引注意力是一回事，保持注意力又是另一回事。我們還要研究故事是由什麼材料組成，以期看出有多少效果取決於寫作本身的品質。書中也會穿插專業人士的現身說法，他們從事的領域分屬小說、繪畫、電影、廣告與新聞。此外，貫穿本書的實例能讓我們理解「說故事」這個詞，如今已超越了單純的敘述概念。它是內容和行銷傳播的策略核心，成功的「用戶體驗」正是以它為主體。

溫馨提醒

請注意，本書主要作為行銷傳播應用手冊。即使我們根據敘述的性質，進入豐富深厚的文化領域，但它不是文學、影片或戲劇的匯編。我們的目標是以故事的形式傳遞訊息，毫無意圖在書中提供撰寫小說的工具。藝術是抒發自我的行動。而設計，無論是視覺、材料或出版上的，都是行使同理心的活動。雖然編撰故事需要注入我們的個人情感、我們的獨特性，但是傳播方法也要求我們考慮我們的受眾，考量他們的期望和使用的語言。傳播，就是共享，更何況說故事是最早的分享形式之一。接下來我們會看到，它只能在有限的時間裡進行，因此，我們必然要從無數的固有觀念中汲取範例，製造捷徑，甚至造出類似二元對立的形式。

其次，處理這樣的主題就像企圖拿匙子清空大海。述說故事，涵蓋許多為數可觀的主題和領域。因此，我們特意選擇以小見大的方式，專注於我們的生活圈。以流行文化能夠聚集的一切作為鎖定的範圍。廣告和品牌是其中不可或缺的部分。然而本書並不會在行文中，鑽研任何特定的社群網站或流行現象。一方面，自然有人能做出更好的研究，另一方面，我們想要傳遞出更持久的資訊。

本書訴求的對象是所有希望傳達訊息的人，也許是廣告創意人員或設計師，他們嘗試為作品增添額外的心靈感受；同時也能滿足想用不同方式發展活動的任何人。本書還為傳播部門的總監提供支援，將說故事化為實踐，並了解它對策略，或針對某項業務，足以產生什麼作用。最後，企業負責人也可以從中獲益，因為從企畫項目的構思到啟動，「說故事」都不失為有效的方法。

指出這些細節後，我們首先邀請你進行時空旅程。讓我們回到大約50萬年前，那時人類還不是如今這副模樣。

I

故事的力量

LE POUVOIR DES HISTOIRES

我們會在這一部設置場景，提供幾個背景元素，
以了解為什麼講述故事對人類而言是必不可少的行為。

01_

為火而戰

我們必須明白，所有的故事都屬於基因遺產的一部分，
而故事甚至還解釋了我們何以生存在這個世界。

語言出現之前

她沒有名字，遑論姓氏。她只能指出誰是媽媽。至於爸爸，部落裡的任何男性都有可能。老實說，這個問題從未出現在她腦海中。她過的每一天只有一個目的，就是活到下一個黎明。早在太陽上升之前她就起身，為了迎接必然會有的白日，但不包含必然會有的危險和永遠不變的威脅。不過那天晚上，當部落在洞穴的深處休息時，她生出了前所未有的意識。直覺讓她發現全新的感受，一股比飢餓或口渴更微妙、更深刻的欲望。白天狩獵的時候，有名部落成員在圍捕行動中，被野獸的角刺傷，此時他正倒臥在火堆旁的毛皮上。每個人都知道，那個不幸的人快要斷氣了。就在這時我們的女主人翁開始行動。

她將手指浸入洞穴裡紅褐色的潮濕泥土中，然後，她慢慢把食指尖上的顏色，塗在她認為最光滑的石壁上。她想撫慰朋友，也想發洩自己的怒火。一個又一個的輪廓，藉著火把的照射，跳動在同伴虛弱的目光與其他驚訝的成員面前。她畫得可不正是他們的模樣，周圍還有幾隻牛和大貓。每個人物都按照清楚的順序，排列在特定的位置。畫完以後，她把自己的赭紅色手掌在石壁上按了一下，抓起同伴的手也按了一下。

大規模毀滅性武器

人類有述說的必要，其最初的表現形式就是洞穴壁畫。研究人員戲稱為「記載原始神話的巨著」。它確實是史前時代，嘗試對時間與空間進行編排的舉動。七萬年前，地球上存在好幾個人種。其中當然有智人，還有尼安德塔人和佛羅勒斯人。問題來了，智人如何讓其他人種犧牲，繼而征服世界？部分原因就在於語言。更確切地說，身為智人的我們，具有開發運用語言的方法。其中確實有一項要素屬於我們獨有的能力，讓我們非這麼做不可，那就是使用語言來描述無法觸碰的事物，提及我們沒有經驗過的事物，或者我們既看不見、聞不到、沒嘗過、也摸不著的東西。由於語言不再只有提醒他人注意的單純用法，於是為我們開啟了種種可能。我們能在說話時與同伴分享過去以及對未來的預測。所有條件聚集在一起，適合孕育宗教並將它理論化，建立文化的開端。於是智人能夠超越氏族階段，組成人數最多的團體，成功登上曾經被劍齒虎統治的食物鏈頂端。人類不再像猴子或鳥類那樣，僅僅將語言當成預警或行動的工具，而是用它來和自己的同類交換、交流，進行「共享」的行為。這就使得故事成為我們基因遺產的一部分，甚至還解釋了我們仍然存在的理由。

另一方面，智人是具有天命意識的動物，知道自己會有開始和結束。「敘述」讓他理解了這個事實，因為故事中含有道理。我們稍後會看到，有因必有果的世界就在這些故事裡上演。法國哲學家保羅・利科（Paul Ricoeur）就指出，為世界排序之前，我們必須先為它「述」形。這麼一來就把人類根本的特性賦予了世界。對於哲學家而言，敘事經驗具有的基本屬性，會將現實的超複雜性，轉變為示意和統一的想像模型，使得人類能接納這個現實，並且對自己、以及自己在宇宙中的位置感到安心：「只要時間以敘述的方式表達出來，它就變成了人類的時間。」加拿大作家南希・休斯頓（Nancy Huston）寫道：「宇宙自身不具有**意義**。它是一片沉默。把意義加在世界之上的，只有我們，沒有其他。」[1] 對於研究人員來說，語言的演變是第一場實實在在的認知革命。他們指出，我們最大的演化，主要並不是體質上的，而在於大腦。

1 南希・休斯頓在她整本書中，都把「意義」（Sens）的第一個字母大寫，像是為了強調它在敘述上的份量。意義，完全就是智人專有的名詞。

小提醒

本書傾向於使用「大眾」（public）一詞，而不是「目標」（cible）（或任何侵略性的詞彙）。有一點很重要，當我們談論述說技巧的概念時，通常和「給予」有關。說故事是一種榮幸，如果希望得到閱聽人的青睞，就需要我們全心對待。

◘ 組織時間元素

觀察我們的日曆，無論來自哪個文化，上面都標示著明顯的敘事元素：各種宗教、國家或季節性的節日。品牌作為敘事結構，不能脫離這些時間的界限。仔細看看LU這個牌子的奶油餅乾。它的每個元素都在述說日曆的故事。餅乾的邊緣有52個鋸齒代表星期數，四個邊猶如四個季節，餅乾上的24個小洞用來表示它的整日陪伴，也就是說它一整年都和我們在一起。當我們必須在內容策略中，運用說故事的技巧時，這些時間元素至關重要。品牌根據自身業務的行事曆，傳遞自己的節奏、創造自己的新聞。這是征服大眾時間與空間的第一種方式。能量飲料紅牛（Red Bull）的定位，讓它掌握了極限運動的地盤。紅牛除了贊助活動之外，還建立了自己的印刷、數位與電視媒體，能夠把品牌的參與和影響力，安排在所屬商業領域、各個事件的重要位置，並在大眾心中成為不可或缺的一員（見第7章）。

練習 ▸▸▸

熱身

→ 哪些是你生命中的重要日子？我們首先想到的當然是生日和聖誕節，但還可以想得更遠一點。在所有偶發事件、不期而遇，以及新發現中搜索一番。列出那些重要時刻。你可以用法國小說家喬治·佩亥克（Georges Perec）的方式，仔細回顧一下。熱愛列出各種清單的他這麼說：「列個清單好像很簡單，但其實要比看起來複雜多了，因為我們總是會漏掉某些事，或是很想藉機揮灑幾句，但列表盤點，恰恰不是寫作的時候[2]。」

→ 現在就開始為寫故事做熱身練習吧。隨意從字典、書籍或雜誌中挑出五個字，試著用這些字，按照挑出來的順序編一個故事。

→ 仔細觀察漫畫如何用圖來表現時間的概念。請依次使用三個圖像，建立出時間上的順序，用它們來說明一段發展、成長或轉變的過程。

2 Georges Perec, « Notes concernant les objets qui sont sur ma table de travail », *Penser/Classer*, Les nouvelles littéraires, n°2521, 26 février 1976.

02_

易卜生的洋蔥

人屬於敘事結構體，由故事組成，而且自始至終置身其內。

繼承的愛

路易出生在倫敦的富勒姆區，今年七歲。如果我們問路易最喜歡哪一支足球隊，他會像所有英國小孩一樣，一邊回答、一邊指著自己住家那一區的俱樂部。對路易而言就是富勒姆足球隊（Fulham FC），這支不太起眼的倫敦球隊，成立於138年以前。英國是這項運動的發源地，大家對待它的方式，和在法國大相徑庭。光是倫敦市就有14家俱樂部，其中六家是英超（英格蘭足球超級聯賽）的常客，而巴黎勉強算出三支俱樂部（只有一家進入甲級聯賽）。英國球迷因為自己的出生地，自然而然承接了該地的俱樂部，想都不用想。他們和路易一樣，因為上述的原因而有了陪伴人生的一眾英雄，球隊的水準倒不是很重要。可是路易或許還不知道，他同時也繼承了死對頭。勢不兩立的夙敵，讓他欣然地恨之入骨。倫敦俱樂部之間的每一次交鋒，都會在全英各地激發出澎湃的情緒，這種對抗賽稱為「德比」（derby），再過幾年，路易想不關注都難。無論他身在世上的哪個角落，都會忍不住從網路或報紙上，查看富勒姆足球隊每一週的比賽結果。

「滿滿一海洋的故事」

我們都屬於敘事結構體。換個說法就是從頭到腳都是故事。我們出生在某條街、某個區、某個城、某個省、某個國家、某個星球。我們除了喜愛的足球俱樂部之外，還繼承了一脈相傳的祖先，和延伸範圍或大或小的家族。無數具有象徵性的人物，充盈了我們的故事：害群之馬、英雄豪傑，其中有些人雖敗猶榮，說不定還有幾個攔路強盜。同時我們還繼承了一個姓氏，它可能會隨著我們的人生而改變——尤其是結婚之後，又接受了一個名字，「它在落到我們身上以前，就已經充滿了意義。過去，它屬於某個聖人、某個先人、某個小說或歌劇或電視劇的人物……[3]」。所有這些以及其他更多的元素，

3 Nancy Huston, *L'espèce fabulatrice*, Actes sud littérature, 2008.

都是敘述工事的磚材，運作起來就像裝滿了轉述、故事與傳奇的小膠囊，通過一生的時光在我們的腦海中釋放，創造出專屬於我們的故事。它們是彼此交纏成一束的線，為每個個體織出豐富又複雜的故事網。有時，故事本身的安排帶來困擾，甚至讓我們感到有必要透過體驗，來嘗試消化其中的關係，以便最終獲得解脫。這個可能性來自我們對心理的分析，以及對下意識的探索，套句法國精神分析學大師拉岡（Jacques Lacan）的說法，這個部分「具有和語言一樣的結構」。所有文化的共同性都建立在相同的原理上：一開始是神話，然後是傳奇故事，最後則是眾人的歷史。它們的作用有如真正的社會整合者，打開了集體敘述的領域。因此《伊利亞德》和《奧德賽》寫成後，曾在希臘成為教材，歷經數十年之久，並在很長一段時間內，成為希臘年輕人的基礎教育（學校寫作練習、文句論述……）。正如挪威劇作家易卜生（Henrik Ibsen），在他的劇作《皮爾金》（*Peer Gynt*）指出的那樣：人就像洋蔥。當我們把它完全剝開以後，會來到一個什麼都沒有的核心。事實上，當我們想知道故事的本質，就有點像鯉魚琢磨起水的屬性。我們的思想既是由故事所組成，同時也淹沒在故事之中。這是我們的力量，也是我們最大的詛咒。我們依賴述說為生命帶來的意義，忍不住要在每個地方都看到它。

西蒙・波娃說：「女人並非生成，而是後天養成」。這句話其實適用於我們每個人，無論性別、性向或國籍。只要擁有內在的歷程，外在的形制並不重要。敘述這些歷程的行動蘊含龐大的教導力量，它們會產生示範作用，勝過單純的解釋。奧地利心理學家布魯諾・貝特海姆（Bruno Bettelheim）說過，敘述的張力讓我們間接成為主角，尤其能使我們的思緒更深入地進到經過陳述的生命歷程中。雖然成人有時會被某些殘酷的故事內容嚇到，但它們實際上會讓兒童感到放心。這些故事展示出角色的能力，兒童把自己與角色同化，可以面對各種讓自己深感不安的事件：死亡、失去、遺棄……因此兒童容易對故事上癮，而且有些人從這種迷戀中獲益匪淺。例如好萊塢導演史蒂芬・史匹柏小時候就對院子的一棵樹十分著迷。夜幕降臨時，這棵樹會進入魔幻次元，異常地嚇人。男孩在感受恐懼的同時，也初次體會了什麼叫緊張，以及稍作鎮定後帶來的放鬆。雖然小史蒂芬被恐懼所淹沒，但他還是忍不住要觀察那棵樹，不僅仔細打量，還在心裡為它編出一些可怕的故事。後來他讓我們看到，緊張與放鬆的二元組合，也是組成精采故事的一部分。

本世紀初，美國國家公共廣播電台邀請作家保羅・奧斯特（Paul Auster），主持一個講述他自身故事的節目，但最後他決定向聽眾提議，以他們的故事來完成這個節目。他想要的「故事，能超乎我們對世界的想象，顯示出神祕與隱藏力量的軼事，為我們的生活、家族歷史、我們的精神、身體以及靈魂，帶來活力[4]」。作家收到將近4000個故事，他在廣播節目念了很多篇，並從中選擇180篇集結成書：《美國生活的真實故事》（*True Tales of American Life*）。這本書實實在在地證明，說故事如何在我們的生活中發揮作用。它們基本上都是真實故事，而且這些故事的作者沒有出版過任何作品。令人驚訝的是，其中有許多故事所呈現的曲折情節、偶發事件與種種巧合，比任何作家敢於放入自己作品中的要來得多。同樣令人驚訝的是，看到我們共同的世界，在相當的程度上，竟然是由這麼多個人的私密生活與詮釋交織而成。我們之後還有機會再談談這些概念。

政治圈說故事

總統大選，尤其是在法國，特別能表現出敘事結構的概念。大選是法國人民集體生活的重要時刻。某個人能順利當選總統，是因為相對而言，他對自己個人的敘述，能與大多數人的集體敘述合拍。在這方面，我們有必要知道，2017年，最能有效執行說故事技巧的候選人，正是馬克宏（Emmanuel Macron）。他確實把自己老師保羅・利

4 https://www.theguardian.com/books/2002/oct/12/society.paulauster

科（Paul Ricœur）所教授的哲學精神（我們之前提到過），與美國總統歐巴馬最先進的方法結合在一起。於是他讓自己的人生歷練，進入了某種傳奇性的格局，同時力求體現創新的一面。也因此，法國人民會選出帶有朱庇特色彩的總統。總之他是如此描繪他自己。朱庇特在羅馬神話中是眾神之王——統領神與人的終極君主。這個純屬神話體系的概念，完全和上一任總統歐蘭德（François Hollande）所象徵的「尋常」總統形成對照。因此，他讓選民覺得在任命天選之人為領袖的同時，還能推翻舊習、更新整個政治團隊，至少表面上看來如此，當然也只是暫時如此。馬克宏沒有任何政黨背景的限制，在競選活動開始前的幾個月，幾乎不為人知，但他成功展現了整個體系的更新，而且那正是他本人的體系。「W」傳播公司的共同創始人暨創意總監吉爾・得雷希（Gilles Deléris）認為，馬克宏能夠「激發出新的想像空間」。此外，他是「擅長謀畫、改變命運的設計師。他處理象徵符號的能力絕非偶然，而是將大眾熟知的意義元素，作出巧妙的組合。[5]」他可以在貝西（Bercy）的造勢大會，跟著巴黎新潮DJ播放的音樂首次亮相，隨後仍在同一場大會，從狄德羅寫給情婦蘇菲・沃朗的一封信中，引用幾個片段。整個競選過程，恰到好處地以助選活動幕後策畫的報導收場，這段影片採用《直視藍衫軍》[6]的手法，將他與工作

5 http://www.larevuedudesign.com/2017/05/15/emmanuel-macron-le-designer/

團隊、尤其是與妻子的關係，呈現在大眾眼前，並且在第二輪投票後的次日播出。

《紙牌屋》（House of cards）

2015年12月，美國即將舉行總統大選辯論會，此時釋出了某位特殊候選人的競選廣告，他就是弗蘭克・安德伍，《紙牌屋》[7]影集的主人翁。他的競選影片由BBH廣告公司負責構思，拍出來的成果和典型的競選影片一樣，著重宣傳政治人物而不是影集本身。這個宣傳活動除了廣告以外，還有專屬網站和社群媒體的大量曝光率，使得幾位真正的總統候選人黯然失色。BBH倫敦的創意總監表示，「我們的目標是為客戶創造最大的文化效應」。2017年，Netflix在延續宣傳活動時，決定請歐巴馬的著名官方攝影師皮特・蘇薩（Pete Souza），為安德伍總統進行一系列的「隨行」拍攝，讓我們看到他在華盛頓特區的街頭與民眾互動，成果發布在社群網路上，尤其以Instagram為主。在這波宣傳活動之後，安德伍的一幀官方照還被史密森尼國家肖像館收藏，更加模糊了虛構與現實之間的界線。

6 《直視藍衫軍》（Les Yeux dans les Bleus），Stéphane Meunier於1998年拍攝的紀錄片，法國國家足球隊員的訓練過程，他們是1998年世界盃足球賽的冠軍隊伍。

7 《紙牌屋》是以政治為題材的電視影集，故事來自鮑・威利蒙（Beau Willimon）的發想，描述弗蘭克・安德伍的各種磨難與他的白宮生涯。

練習 ▸▸▸

開發敘述的層次

- 快速寫下一兩個別人對你說過、跟你童年有關的故事。你是否真的記得這些事？[8]

- 檢視這些圍繞著你而展開的敘述內容。從你自己開始，看看它們對你個人的形成有什麼重要性。挑選某個你喜歡的品牌或公眾人物，看看他們如何突顯自己的故事……

- 讓你踏入目前工作領域是些什麼人？仔細了解一下他們的人生故事，是誰影響了他們，你的導師們又是如何以自己為題材進行描述。請你也試著採用同樣的步驟。

- 當你排隊、搭乘大眾交通工具，或塞車時，享受一下觀察旁人的樂趣。運用你天馬行空的想像力跟隨他們，想像他們的生活。這個人在電話裡說了什麼？這位女士要去和誰見面？

8 Sherry Ellis, *Now write ! Fiction writing exercices from today's best writers and teachers*, Tarcher, 2006.

03_

《生在美國》

故事，雖然是人類遺產的一部分，
但最擅長掌握它們、並將它們工業化的是美國。

內布拉斯加州

一切的起點是校園，麥佐立克那幫人當眾羞辱了他。這種感覺永遠是以同樣的方式擴散出來。一開始他覺得喉嚨緊繃好像快哭了，然後它延伸到下顎再拓展到整個臉頰。就像成千上萬隻紅螞蟻，一路攻占牠們的地盤。再過一會兒，螞蟻不見了，他的身體也消失得無影無蹤，沒有任何物質存在於他和空氣之間。一陣疲倦將他淹沒，但沒有就此停留，接替而來的是憤怒，深厚又龐大，有如河流自水壩傾洩而出。這股怒氣長久停留在他心中，有時可以控制，但代價是使盡全力麻痺自己。他讓身體維持同樣的狀態好幾個小時，用發自內心深處的仇恨，刻畫自身的每個部位，他恨所有人，只有詹姆斯．迪恩除外。

當然，也不包括卡麗兒……這個人叫做查爾斯・史塔克韋瑟（Charles Starkweather）。1958年，他與同夥卡麗兒・安・富蓋特（Caril Ann Fugate），在內布拉斯加州殺害了11個人，隨後在懷俄明州被捕。他的故事為許多作者帶來靈感，諸如作家史蒂芬・金、導演泰倫斯・馬利克、奧利佛・史東，尤其讓布魯斯・斯普林斯汀留下深刻的印象，他把這個引起震撼的事件，寫成歌曲《內布拉斯加》的主題，收錄在同名專輯中。這首歌屬於美國長久以來、「謀殺歌曲」（murder songs）的傳統，講述犯罪或兇殺案的內容。其中四分之三的作品所描述的對象，都有悲慘的結局。這些歌曲冷酷無情，歌詞中盡是明確清晰的細節，以電影劇本的方式把一切描述出來。謀殺歌曲的節奏與旋律，多以非常規律的模式反覆出現，主歌會按照罪行的節奏組織分段，以冷漠但具體的方式鋪陳開來。歌詞通常採用第一人稱的寫法，一字一句將聽者代入兇手的情境之中。如此一來，就對罪犯產生厭惡和同化的雙重情感。這類創作是「幫派饒舌」[9]（gangsta rap）的鼻祖。它們的特質帶著說故事在美國一向具有的力量。美國人說故事的能力，和所有優秀的智人一樣，在部分程度上解釋了他們的生存與發展。

9 「幫派饒舌」是嘻哈音樂的分支類型，歌手以自傳的形式，炫耀罪行、財富與放蕩的生活。

新生兒

美國是個年輕的國家，歷經殖民、蓄奴、屠殺美洲原住民、獨立戰爭與內戰的建立過程。當然，暴力與血腥並非他們所獨有，許多國家在建國之時都有這項特徵。只是美國人以更加快速的節奏，進行了這段建國歷程。在第一批殖民者到來後，很快就出現了創造自體文化的需求。要做到這一點，美國文學就必須擺脫來自英國的影響。畢竟，當「清教徒移民先輩」[10]（Pilgrims fathers）來到此地，並於日後建立了普利茅斯（Plymouth）殖民地時，莎士比亞才去世四年。所以，美國最早出現的是殖民的故事，但它們因為融合了歷史現實、浪漫情懷和廣闊的空間感，所以在奠定特有的寫作風格上，也作出了貢獻。經由文學，生出共同文化的環境並展現出美國「精神」，有助於走出英國的影響力，形成自我認同，最終導致了美國獨立戰爭。

國家凝聚力

幾個世紀以來，說故事的形式在美國隨處可見。它的發展擴充到文化以外的許多領域。例如政治領域，雷根、柯林頓或近幾年的歐巴馬等歷屆總統，都是說故事大師。這種傳統似乎承繼自獨立戰爭前的

10 最早於1620年抵達的殖民者。

演說家，他們拿把椅子放在街上，直接站上去向人群述說自己的觀點，而且從公民的日常生活中，獲取演講內容的靈感。述說的技巧也出現在教學的方式中。美國是個大熔爐，來自歐洲各地、為數眾多的移民，必須迅速融入這裡的生活。學校教育從孩子很小的時候，就鼓勵他們在全班面前講述自己的故事。這種做法，與法國要求學生進行更具有學術性的口頭報告不同。在美國，他們由衷期望孩子能藉由呈現父母的職業、描述家族的經歷，或是介紹科學作業的設計過程，把故事講述出來。用意是將個人展現在群體面前，給予他發言的機會來擁有存在感，並因此獲得威信。所有這些都有助於建立集體精神與歸屬感。

創意寫作

美國人很早就認為：寫書、寫劇本、說故事、設計電影或連續劇的腳本，都是可以教授的技能，完全沒有問題。亞里斯多德早在很久以前就理解這一點：說故事富有詩意；也就是可以將它理論化並加以研究。在法國，直到前不久，作家這個身分還時常帶著傳奇的色彩，與其相連的是獨來獨往的形象，甚至讓人覺得受到詛咒。在美國則完全不同，海明威就曾向作家葛楚・史坦（Gertrude Stein）學習過寫作。美國幾十年來，一直有「創意寫作」的課程。約翰・厄文（John Irving）、保羅・奧斯特、吉姆・哈里森（Jim Harrison）與其他許多作家，都曾經教過這門課。與歐洲作家，尤其是與法國作家相比，美國作家對自己從事的活動，採取更務實而且不那麼糾結的態度。美國的實用主義促生出這種將各種程序工業化以便營生的能力：如果可以製造，就可以出售。電影自出現以來，就深植於經濟邏輯之中。20世紀初，好萊塢的大製片廠創造了「明星養成系統」。他們用編寫出來的生平與愛情故事，對私生活進行把關，塑造出一位又一位的大明星。1950年代，這些電影製片廠都有很高的盈利目標，卡萊・葛倫就曾經說過：「我們這一行有自己的工廠，那就是片場。我們製作產品，給它上色、為它命名，等它放進鐵盒中就大功告成了。」由此創建出真正由商業結合優秀藝術表現的文化。整個腳本開發過程，以精確的方式加以組織。編劇通常以團隊運作的方式進行。涉及影集的劇本寫作時，由劇集主創（showrunner）負起帶領團隊的責任。他同時也是製作人，指揮整體執行的工作。當團隊遇到困難時，甚至還可延請「劇本醫生」（script doctors）來援助脫困。

皮克斯動畫工作室

數十年來，皮克斯工作室一直是極有效率的說故事機器。約翰・拉薩特（John Lasseter）和他的幾組團隊，似乎找到了點石成金的神奇公式。的確，他們制定了不少編故事與說故事的規則。首先是組織上的規則，因為敘述的技巧很難從集體的角度進行。一開始皮克斯並不是動畫電影工作室，而是做特效的軟體程式設計公司，總部甚至不在好萊塢，而是在矽谷。這一點就某方面而言，解釋了它獨特的工作方式。皮克斯的優勢之一是把心力、時間與預算，集中在劇本寫作。它之所以能奠定一己的專業技術，在於員工之間能就各式各樣的企畫案進行交流，彼此協助。工作場所的設計，以促進所有員工不期而遇的機會為目標。1985年買下工作室的蘋果電腦創辦人史蒂夫·賈伯斯就說，創意不是來自會議，而是誕生在走廊上。此外各個團隊還會在召開「智囊團」（braintrust）會議期間會合，這時每個正在進行的案子，都會接受檢視、剖析，甚至在必要的時候予以修改或放棄。

皮克斯傑出的敍述技巧之一，是將平凡與非凡結合起來。在說故事的時候，創造背景世界是故事成功的關鍵。皮克斯將日常生活與幻想魔力之間的差距，視為盡全力開發的生產領域，可謂這門藝術的大師。他們的電影通常只出於幾個中心思想，但他們總能把想法發揮到極致。在設定最基本的起點後，逐步添加對立元素和意料之外的狀況，什麼都有可能發生。皮克斯的工作方式和所有偉大的作家一樣，非常清楚如何展現同理心。編劇人員深入了解每個角色，並一概從角色的觀點出發，來設計它們的習性和行動。

肥皂商

作家維吉妮・德龐特（Virginie Despentes）曾特別指出電視影集對她寫作的影響，尤其是她創作《維農・蘇布泰》（*Vernon Subutex*）三部曲的期間。在目前流行的敘事方式中，電視影集重新塑造以較長的時間來說故事的手法，它以昔日報刊上連載小說的節奏和技巧為基礎，像巴爾札克或莫泊桑等作家，就十分看重這種技巧。我們很快就會看到，電視影集可以教給我們很多東西。而且不要忘了，連續劇從一開始就是有利於播放廣告的工具。在1950年代初的美國，廣告主積極參與電視節目的製作。「1949年，美國電視最受歡迎的十個節目中，有五個出於揚・羅比凱（Young & Rubicam）廣告公司的製作。[11]」它們就是眾所周知的「肥皂劇」（soap operas）。會有這種稱呼，是因為製作資金來自清洗用品製造商。這類連續劇集最初都是透過電台播放，其結構便於穿插廣告，並且末了總是開放式結尾，這樣故事才能延續到下一集。目前的電視影集仍然保持同樣的邏輯，每一集分為四幕，好在中間穿插廣告。

11 Joël Augros et Kira Kitsopanidou, *L'économie du cinéma américain : histoire d'une industrie culturelle et de ses stratégies*, Armand Colin, 2009.

練習 ▸▸▸

發現讓我們感動的故事

→ 為你喜愛的電影、小說和電視影集製作目錄。把故事分類的同時，研究一下它們有哪些共同點。這麼做可以讓你確認自己最喜歡哪個類型的故事，從而了解哪些主題能引起你的共鳴。

→ 按照作家尚-諾埃・布朗（Jean-Noël Blanc）的建議去做：挑選一位公眾人物，觀察這個人的影像，找出和他有關的細節。例如《法國好聲音》主持人尼克斯・阿利亞卡斯（Nikos Aliagas）戴的圖章戒指，或是珍・柏金（Jane Birkin）身上那件舊毛衣。試著跳脫一般人的看法，想像這個物件展現出他生活的哪種面貌。

04_

廣告的不同階段

廣告總是樂於敘述別人的模樣，而不說出自己的故事，
這一點絕對不是出於謙讓……研究一下廣告發展的重要模式，
我們就能明白在這個領域中，說故事的技巧從來不曾缺席過……

◘ 有天賦的「唐」

我們首先看到他的後頸。那是煙霧繚繞的酒吧，有著溫暖的燈光，他出現在短鏡頭的結尾。麥迪遜大道平凡的一天就要結束了。唐·德雷柏在餐巾紙上草草地列出一些清單，看得出來他有心事。當服務生走近點單時，德雷柏問了他關於抽菸的習慣，然後仔細記下他的回答。這是開啟《廣告狂人》（*Mad Men*）影集的第一個場景。這部影集虛構了1960年代的斯特林庫柏廣告公司（Sterling Cooper Advertising），描述該公司頗有魅力的創意總監唐·德雷柏的職業生涯。《廣告狂人》的出類拔萃，除了優秀的劇本和導演技巧外，還在於它所描繪的歷史，屬於那個很難想起自己過去的行業。的確，廣告只記得一件事，那就是當下。顧名思義，它沉溺在新事物與下一個時刻中。

五種廣告模式

廣告根據社會的生產和消費條件逐步演變。其發展歷史的各個時期，都會受到具有主導力量的設計模式所影響。這些模式不會彼此取代，而是互補。事實就是廣告從來沒有把過去徹底推翻而重新開始。數位技術似乎加速了一切事物的發展，在許多方面看來確實如此。然而，儘管我們會有變革不斷產生的印象，但客戶方卻從未真正改變過。保羅・費德維克（Paul Feldwick）在他精采的著作《剖析騙局》（*The Anatomy of Humbug*）就指出這一點。他認為一直以來都是同樣的消費者，也就是說，顧客決定購買商品時，大多是根據自己的情緒。不管身在哪個時代，始終不變的顧客仍然需要分享他對使用產品的看法。而且無論是1967年還是2017年，當他的消遣活動不湊巧被迫中斷時，他會表現出同樣強烈的不滿。此外，無論處於哪個年代，他保持關注的能力依舊是核心問題。消費者喜歡優質的服務，可以讓他們覺得自己受到重視。總之，顧客沒有改變。在每一種廣告模式中，都具有注重理性說服的支持者（基於數據和研究成果……），以及強調誘惑最重要的支持者，往往引起激烈的爭執。無論選擇哪一類，廣告的目標都是要提供消費者充分的購買理由，來增加產品或服務的吸引力。廣告宣傳的唯一目標就是促進銷售。在投放廣告的步驟中，首先是引起興趣，同時還要讓人產生信任，然後透過加強對該品牌的認識和記憶，來促進購買行為。

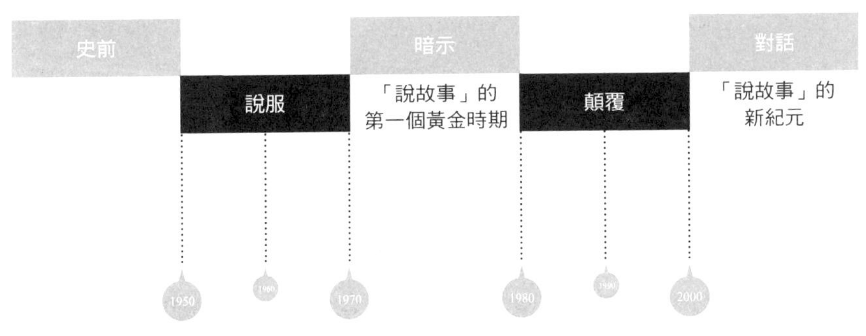

史前時代

廣告的史前時代在1920年代，那時消費行為還未充分發展，銷售點也很缺乏。當時已有印刷廣告，但銷售人員扮演的角色才真正具有關鍵作用。雖然這個時期的廣告處於起步階段，但仍然為日後奠定施力的起點，那就是各種概念的建立，諸如：社會地位和聲譽、品質和績效、知識和無知。此時還出現另一種觀點，認為廣告可以是一門技藝，而且有些產品具有「神奇」的層面。最具主導地位的技術，就是慫恿人購買的形式。Arrow襯衫是當時真正進行廣告宣傳的最初幾個實例之一，它的廣告正是建立在說故事的形式上。該品牌襯衫的廣告圖像，使消費者產生投射與認同的作用。由喬瑟夫．萊恩迪克（Joseph Christian Leyendecker）繪製的「箭領男人」（Arrow Collar Man），完全是虛構的人物，但他收到的粉絲來信卻比演員魯道夫．范倫鐵諾（Rudolf Valentino）本人還要多。作家費滋傑羅（Francis Scott Fitzgerald）甚至從中獲得靈感，創作出《大亨小傳》（*Gatsby*）。

克勞德．霍普金斯（Claude Hopkins）是廣告界的先驅，也是偉大的廣告理論家，他描述自己的職業是「把銷售技巧戲劇化[12]」。而他也位於先驅之列，為每個產品找出獨一無二的特點，並據此建立一整套銷售說明。他將這種技術稱為「優先聲明」（Preemptive claim），此一觀念開啟了「獨特銷售主張」（Unique Selling Proposition）。

說服

1950年代末大眾市場快速成長，這個時期屬於法國的「黃金30年」（Trente Glorieuses）。電視進入家庭成為強有力的廣告宣傳方

12 Mark Tungate, *Adland, a global history of advertising*, Kogan Page, 2007.

式。「獨特銷售主張」偕同比爾．伯恩巴克（Bill Bernbach）、大衛．奧格威（David Ogilvy）與喬治．路易斯（George Lois）等充滿創意的人物，進入了巔峰時期——廣告狂人的全盛階段。即使到了今天，許多廣告人仍認為當時是這一行最多產的時光。那確實是對廣告進行實驗的重要時刻，傳遞訊息的方式變得與訊息本身一樣重要。廣告必須展現所謂的獨特銷售主張，用盡一切方法，讓消費者相信某種產品更勝於另一種產品。獨特銷售主張的特點，在於它的價值觀呈現出品牌專屬的長處，足以產生購買的動機。廣告主要建構在展示該商品的品質上。

繼Arrow之後，可以談一談Hathaway襯衫。奧格威為他們創作的廣告很簡單，在一整頁的內容中，版面的三分之二是一張男人照片，其他部分保留給文案，介紹襯衫的品質，遣詞用字堪稱商品展示的範文。男人的肖像經過精心設計，身形挺直站在服裝店裡，裁縫和助手正在為他量身。我們這位主角可不一般，右眼戴著黑色眼罩，看起來有如海盜船船長——眼罩是奧格威在拍攝前最後一刻添加的配件。他在畫面中緊抿著雙唇，姿態頗高傲。視覺是開啟的門，讓觀者自行創造角色的故事。這個廣告造就出召喚與靈感的地位，也是後來暗示型廣告的開端之一。

◘ 暗示

1968年，一些英國廣告公司出現了「策略規畫」的工作內容，發想人之一是史蒂芬・金恩（Stephen King），任職於智威湯遜廣告公司（JWT）的他，可不是《鬼店》（*Shining*）的作者。一開始，他希望成立新型態的組織，能將廣告宣傳的目標與員工的專業技能結合在一起。金恩發展出「品牌經營」（branding）這個重要的概念，成為廣告和行銷的核心元素。對金恩來說，消費者的品牌體驗具有整體性，並非以分散、局部的方式完成：「人們選擇心儀的品牌就像選擇朋友一樣。通常，你不會根據特定的技能或外型來選擇自己的朋友——當然這幾點也可以成為選擇條件，但主要是因為單純喜歡這個人。你所選擇的是那個人的整體，而不是聚集美德與惡習的彙編[13]。」智威湯遜的策略規畫人員有個了不起的創見，他們認為藉由推動品牌體驗的同時，廣告可以增加商品的價值。

因此在1970和80年代，廣告進入暗示的時代。消費朝向更無形的領域發展，成為某種述說自我的方式。與眾不同的「品牌經營」與品牌王國進入了黃金時代，它是另一種更具有全面性、但口吻更加肯定的說故事形式。Nike就是很好的例子。這家體育用品製造商最初的幾張平面廣告，呈現出無名運動員的活動身影，它們幾乎消失在大的不

13 Paul Feldwick, *The anatomy of humbug : how to think differently about advertising,* Matador, 2015.

成比例的背景之中。落款則是：「沒有終點線[14]」。版面上沒有任何可見的產品圖像。耐吉將業餘運動員的個人成就戲劇化，給予精神而不是物品更高的評價。接下去的宣傳活動以職業運動員為主角，選角時的優先考量是他們的反叛精神。幾位運動明星如麥可・喬丹、查爾斯・巴克利（Charles Barkley）、艾力克・康通納（Éric Cantona）或羅納迪諾（Ronaldinho）等，也因此站在業餘運動員的身旁。Nike的策略促生了我們所謂的「品牌王國」。它的廣告宣傳方式，成為用戶體驗不可或缺的一部分。在這裡，說故事的技巧顯然使得品牌告訴我們的內容，和我們在使用產品之後告訴自己的內容一樣多。我們可以說這類「暗示」模式，是說故事的技巧運用在廣告和行銷中的第一個黃金時代。

顛覆

2000年代初，「品牌經營」和品牌王國的觀念擴展到極致，此時加拿大記者娜歐蜜・克萊恩（Naomi Klein）的著作《NO LOGO：顛覆品牌統治的反抗運動聖經》（*NO LOGO：No Space, No Choice, No Jobs*）橫空出世。1990年代的廣告模式，著重訴求感性利益與品牌價

14 There is no finish line.

值，然而克萊恩卻在書中聚集了對這類廣告的各種負面批評。當時Nike也正好爆發醜聞，為他們代工的上游工廠不僅工作環境惡劣，還能看到童工。1990年代末，零售商也逐漸獲得發展，面對傳統品牌，他們以具有吸引力的價格為自己找到合適的位置。廣告公司為了適應新情況，嘗試提出不同的敘述方式。他們在自己的措辭中，表現出一定程度的客觀與理性，因為顧客已經非常熟悉傳統的技術，完全清楚廣告的作用是什麼（見217頁，尚-德尼・帕蘭（Jean-Denis Pallain）的採訪內容）。也因此，廣告成了解碼遊戲。例如服裝品牌Diesel在設計廣告時，就特別利用這個趨勢假裝在取笑自己，讓模特兒採用誇張的漫畫手法擺姿勢，推出名為「耍笨」（Be stupid）的宣傳活動，並邀請他們的顧客做些越傻越好的事。到了2010年代初，Diesel改革廣告宣傳方式也絕非偶然，它曾在推出的「街頭行銷」活動中，進一步邀請大家「述說我們的故事」，因為此時數位技術已經改變了生活，我們進入對話和參與的時代。

對話和參與

數位海嘯於焉而生。在此之前，廣告策略一直由空間概念所主導——購買報章雜誌的廣告版面、張貼海報、設立廣告牌……當然，自1950年代開始，廣告商也會購買電視或廣播媒體的時間。不過這種時間性的概念有了轉變，它已經發展出凌駕空間概念的主導地位。因為媒體已進入隨選模式，一整天時時都可上陣，消費者一直與它們保持連線，通常查詢手機是每天做的第一件事，也是最後一件事。所謂頻率的概念就有了新定義。以前它指的是相同的訊息重複出現，現在則要有系統地找到新訊息發送給大眾，同時又要和整體策略、說故事的技巧，以及品牌價值各方面，保持一致的立場[15]。廣告公司仍在尋找適用於新格局的模式，主旨在於能夠每天調整訊息的多寡，掌握品牌所做的一切，這些都屬於傳播的一部分。作家暨策略顧問尚－諾艾．卡費赫（Jean-Noël Kapferer）表示：「品牌只是產品保證的時代過去了。現在它需要能把自己從產品中投射出來的方案。[16]」廣告公司的難處，在於面對「微型電信服務」（micro-opérations）時，必須一直具有應付自如的能力，例如2013年進行美式足球超級盃（Super Bowl）時，Oreo餅乾於推特上的推文[17]；同時，還得設計出雄心勃勃的策略內容，就像是出自可口可樂這種大企業一樣。於是說故事的技巧起了決定性的作用。品牌的整個表達方式，務必要能展開連貫而持久的故事，並且與大眾建立持續但不侵擾的關係。

15 http://www.adweek.com/brand-marketing/advertisers-need-to-stop-chasing-engagement-and-get-backto-focusing-on-awareness/

16 Jean-Noël Kapferer, *Réinventer les marques. La fin des marques telles que nous les connaissons*, Eyrolles, 2013.

17 2013年，美式足球超級盃正在舉行決賽，突如其來的停電讓紐奧良市的超級巨蛋陷入了黑暗。Oreo趁著這個機會發出推文：「You can still dunk in the dark」，這裡的dunk是雙關語，可以指把餅乾泡在咖啡裡，也可以指球員跑進對方底線後的端區，是這項運動得分的基本原則之一。這條推文在一小時內轉發超過一萬次，其影響力超過球賽每一次暫停時播放的電視廣告。

◘ 廣告公司說故事

廣告公司和其他企業一樣也有品牌。他們需要證明自己的特色和專業知識。要做到這一點，只能憑藉說故事的技巧。矛盾的是，廣告產業通過合併與收購帶來的變化如此迅速，以致很難建立明確的身分特性。法國陽獅集團（Publicis）前總裁兼執行長莫里斯・列維（Maurice Levy），樂於提起他們的傳承：傑出的創始人布勒斯丹-布朗榭（Bleustein-Blanchet），「出售聯翩浮想的商人」（vendeur de courants d'air）[18]，而且集團的分公司就冠上他的名字：馬塞爾（Marcel）。雖然奧美廣告公司（Ogilvy & Mather）也會在社群網路上，傳達祖師爺的「奧格威主義」，但這類回顧型的手法，在標榜青春活力與新鮮感的領域是非常罕見的。一般來說，廣告公司更傾向於展示自己多少具有革命性的方法和理念。克勞德・霍普金斯（Claude Hopkins，1866-1932）在他那個時代，就已經很清楚這一點，他於1923年出版《科學的廣告》（*Scientific advertising*），宣傳他的廣告公司和他的專業知識。此外，目前還有上奇廣告（Saatchi & Saatchi）的「至愛品牌[19]」（lovemarks），以及李岱艾廣告公司（TBWA）

18 譯註：Courant d'air本指「穿堂風」，另有avoir un courant d'air dans la cervelle的說法，形容某人搞不清楚狀況。布勒斯丹－布朗榭年輕時不願意接手父親的家具行，表明自己想開廣告公司，於是他的父親說他要賣的是courants d'air，看不見摸不著的東西。

19 Lovemarks是上奇廣告執行長凱文・羅伯茨（Kevin Roberts）創造的概念，指的是成功與用戶建立情感連結的品牌。「至愛品牌」具有三個成分：神祕、感性和親密。

把亨氏傳過來（Pass the Heinz）

亨式番茄醬在2017年，決定使用《廣告狂人》影集中，主角德雷柏提出的企畫案。依照影片邏輯來說，那是50年前的點子。這個廣告以特寫鏡頭呈現起士漢堡、薯條和牛排，但餐點中完全看不到番茄醬的影子。德雷柏的想法在影集中遭到廠商的拒絕，而現在廣告得以推出，事情圓滿結束，再次證明說故事的力量……

的「顛覆」說。把「顛覆」作為創意手法，出自該公司總裁尚-瑪麗・德律（Jean-Marie Dru）的發想，隨後再加以形式化。它透過為企業定位，創造重大的突破，來更新說故事的技巧。因此，瑞典的Absolut伏特加酒廠，並沒有像傳統烈酒品牌那樣以傳承或出身來建立說故事的技巧，而是選擇利用瓶身的設計感、清澈的內容物與名稱的力度，運用它們提供的可能性，將自己定位為時尚品牌。於是這件商品化身為十足的流行文化象徵物，許多藝術家主動投入它的創意行列，推出不少出色的廣告圖像。「顛覆」成為某種標誌和心態，深入與李岱艾廣告合作的全球企業中，這個詞也轉變為常用的詞彙。

練習▶▶▶

解密廣告的故事力

- 何不把你看到的廣告，利用這一章提到的模式：說服、展示、暗示、顛覆、對話，挑選出對應的類型。

- 找一個屬於說服模式的廣告，例如牙膏廣告，試著以暗示模式把它表現出來，為這款牙膏策畫它的品牌王國，販賣它的精神而不是產品。

- 去網路上把大衛．奧格威替Hathaway襯衫設計的廣告找出來。想像一下畫面中主角的故事。他是誰？他從哪裡來？他是怎麼失去一隻眼睛的？他只失去了這個嗎？

- 以產品或服務帶來的好處，作為推銷的對象，而不是它本身的特性。為此，請你寫篇短文說明，為什麼每個人一生當中，至少應該有一次犯下必須判處監禁的罪行。

- 創作的時候，試著把它視為你要述說的故事。想一想還可以添加哪些元素，讓讀者開啟想像的空間？何不安排那些製造差異性、產生謎團的元素，或是在詮釋內容的部分，留下開放式的問題。

大師開講

呂克．修馬哈

「與主題產生情感的連結」

呂克．修馬哈（Luc Chomarat）既是廣告人也是作家。他在廣告這一行的表現讓他屢次獲獎，創意獎項包括：坎城創意獎（Lions）、克里奧國際廣告獎（Clio Awards）、歐洲創意獎（Eurobest），以及行銷方面的艾菲獎（Effie）等。他為科普叢書《我知道什麼？》（*Que sais-je ?*）寫了一本有關自己職業的作品（《廣告》（*La Publicité*），*Que sais-je ?*, PUF, 2013）。

他著有幾部小說，認為讀者可以自行決定，是否要把這些作品視為犯罪小說。2016年，他在河岸出版社「黑色小說系列」（Rivages/Noir）推出的《網路破口》（*Un trou dans la toile*）獲得犯罪文學大獎。

他也是散文作家，著有：《阿嬤的禪意》（*Le zen de nos grands-mères*，Le Seuil, 2008），以及《有史以來最好的十部電影》（*Les 10 meilleurs films de tous les temps*，Marest Editors, 2017）。他還做翻譯。

他以自行車作為日常交通工具，經常動手修理小家具，彈彈電吉他，以及烹煮橄欖油料理。

››› 你是怎麼開始寫犯罪小說的？在進行新計畫時，是否會有一兩個經常出現的手法，還是每次都不一樣？

我都是從一個句子開始。這個答案聽起來可能有點隨便，但事實就是這麼簡單。例如我可以這樣寫：「第二天，喬注意到那個帶著狗的人。」接著我停下來想一想，誰是喬，誰是帶狗的人，帶著什麼類型的狗，為什麼第一天沒有注意到那個人，關於什麼的第一天，喬是自己一個人還是和哪個女孩在一起，當時的場景是在樓梯間、在街上、紐約，還是阿韋龍省（Aveyron）？我們可以用這句話建立一個完整的世界，或是一千個可能的世界，只要做出選擇。第二句話會減少一些可能性，然後以此類推。當然，第一句話不完全是憑空而來的。那裡面有你想要的東西，拿上面的例子來說，我想要一隻狗。

創作的過程絕對是非常複雜，無法加以精確地分析。不過老實說，只有兩個關鍵的問題：寫什麼？怎麼寫？第二個問題會引來一堆非常參數化的答案，但可以把它們統稱為「說故事」。現在的說法傾向於表示這個領域具有明確的規則，而且說故事是一門科學。沒錯，確實有一些規則，知道這些規則也是件好事。可是，不把它們用到文學裡面也不錯，狀況好的時候，規則可以輕鬆地拋到腦後。因為敘述也是門藝術。在我看來，那些故事說得很好的人，無論是文學、電影還是其他領域，都不是使用規則的人，而是發明規則的人。真正的問題是「說什麼」。我的意思不是指催生全新的點子，而是真的有個故事想說。

››› 你會使用特定的技巧，尤其是在設定人物、發展故事情節的時候？你一直很清楚內容會如何發展嗎？

不，我不知道它會把我帶去哪兒，否則的話我一邊寫，自己也會覺得無聊。我知道有些人在下筆之前，會先為故事情節制定出很精確、很詳細的計畫。寫作對他們來說是「裝配」，有點像是為腳本配上圖片。我對寫作的想法應該比較過時，我認為是它在為我開路。文字會引出想法，反之則不然。它更接近詩句，更像是突如其來地出現。當然，不管情節再怎麼輕巧，到了某個時刻都必須找出定局，只不過潛意識通常知道要做什麼，如果我們順其自然，它總是會把我們帶到合理的地方。有時時候到了，突然冒出一個句子，擺明這本書該結束了，我們已經到達路的盡頭。我通常是第一個感到驚訝的人。《野蠻人柯南》（*Conan le Barbare*）的作者聲稱自己是根據筆下英雄的口述來寫作。我聽到這件荒謬的事時，不由大笑，但轉念一想，我多多少少相信他說的是事實。

››› 你同時也是廣告人。寫作與廣告這兩個活動，會有某一項特別影響另一項嗎？從哪一方面來看？

為廣告寫文案教了我很多事。在我原本的文學觀念中，作者擁有不可思議的神力，可以隨心所欲用他喜歡的方式、寫他想寫的內容。最後可能會產生傑作，但也可能不大成功、難以消化、無法出版，總之就是沒什麼意思的產物。廣告人所撰寫的主題不是出於他自己的選擇，而且要使用盡可能為大眾接受的語言方式。這樣一看就很清楚，寫作和寫廣告文案，這兩個概念如何形成類似平衡的狀態。廣告人的自我必須消失兩次，在主題的選擇以及處理的方式上。它屬於普遍性的表達形式，因此帶有某種智慧的痕跡。這是很好的鍛練，有點像新聞工作，培養出謙卑的態度。在現實生活中，廣告人將自己視為作者的情況並不少見，我個人認為這樣會做出糟糕的廣告。同樣地，我也認為有些作家的思考方式有點太像個廣告人，結果也令人無法恭維。總之，要保持平衡。

››› 對於想寫犯罪小說的人，你有什麼建議？

我不確定自己是不是很有資格來講這個，我的「犯罪作品」，不過是運用類型來布局。在《網路破口》這本書裡，幾個主角尋找一個不存在的人，但正是出於上述原因，他們找的人不會存在。至於《夏日最佳犯罪小說》（*Le Polar de l'été*），光從書名看不出來，但它其實不是犯罪小說。不過，既然《網路破口》跌破大家眼鏡得到犯罪文學大獎，也許證實了我之前所說的，而且可能是我唯一的建議，那就是規則是用來打破的。前提是，你很清楚規則是什麼。

無論是不是犯罪小說，我認為應該寫你想寫的東西，意思就是必須有意願寫一些內容明確的東西。我覺得和主題產生共鳴、寫出自己了解的東西十分必要。我想這樣可以保證某種程度的寫作品質，但這只是我個人的意見。然而我們也可以反過來看這個提議。要是有人想寫關於血腥驚悚的故事，但運氣不好，朋友裡面都沒有連環殺手，此時就應該蒐集相關資料。美國人非常重視這個部分，作者有時還會指派一個或好幾個人來負責這一塊，埃爾默·萊納德（Elmore Leonard）就是個例子[20]。想要天馬行空隨便寫也可以，但在我看來就少了點野心。知道自己想要完成什麼是件好事，這時閱讀最優秀的作品就成了很好的訓練。大家也許會說，首先要能找出哪些是公認最好的佳作。我呢屬於唱反調的傢伙，認為暢銷書不見得是最好的作品，所以不一定能成為學習的對象。這麼一來就得作些研究，提高自己的能力，除此之外沒有別的方法。

犯罪小說和其他類型的書相比，應該意味著更能拋出讓大家想「動腦筋」的東西。能不能用一兩句話就總結一本書的主題，一直都是很好的測試。我非常欽佩那些讓人愛不釋手的作品（page turners）[21]；要寫出這種書必然有它的技巧，我得承認自己沒有好好鑽研過它的手法。如果我也有什麼技巧可言的話，就只是把自己綁定在單一人物上。如果我喜歡這個人物，如果我想和他相處，如果我覺得他討人喜歡，那麼除了我以外的其他人，都會想知道他在下一章會發生什麼事。要是角色定義夠清楚，那麼他往往能決定自己的命運。

20 眾所周知，具有傳奇色彩的美國作家埃爾默·萊納德，曾和某個名叫葛雷格·薩特（Gregg Sutter）的人密切合作。薩特負責為作家進行所有的資料查核工作，除了在地方報紙的檔案中做些一般的素材蒐集之外，這位資料管理員還建立名副其實的線人網，可以就萊納德所有可能的問題提供解答。

21 page turner最初指的主要是令讀者讀得欲罷不能手不釋卷的犯罪小說，現在適用於所有類型的文學作品。

II

品牌與說故事，幾個基本概念

MARQUES ET STORYTELLING, QUELQUES NOTIONS FONDAMENTALES

我們已進入品牌體驗至關重要的時代。

現在我們要試著了解，

說故事的技巧和品牌經營如何做出良好的結合。

一些基本的概念和特徵，能讓人比較容易理解如今

說故事的技巧在建構品牌宣傳策略時具有的能力。

05_

挑起衝突

我們從說故事的基本要素著手。
沒有它，就沒有故事，那就是：衝突。

碧翠絲・奇多的冒險歷程

碧翠絲只想做一件事，殺死比爾，此人是個暴力狂，和她結婚的前一天，他把她和所有未來的家人全都殺了。碧翠絲昏迷了四年，獨自從病房中醒來時，雙腿癱瘓。她設法擺脫困境，恢復行動力，並開始了尋找比爾和殺手團所有成員的漫長旅程。為了達到目的，我們的女主角不得不前往日本，對付一群黑幫，遭到活埋之後赤腳穿越沙漠，在沒有吵醒自己熟睡女兒的情況下，殺死了可怕的對手。雖然女主人翁一路上困難重重，但她復仇的渴望如此強烈，使她看起來堅不可摧。

通用法則

你看出來了，這一章一開始就是昆汀・塔倫提諾導演作品《追殺比爾》（*Kill Bill*）第一集和第二集的劇情簡介。不過我們也可以選擇荷馬的《奧德賽》、拉伯雷的《巨人傳》（*Gargantua*）、莫里哀的《偽君子》（*Tartuffe*）、柯蒂斯・伯恩哈特（Curtis Bernhardt）的《北非諜影》（*Casablanca*），庫布力克的《2001太空漫遊》（*2001, l'odyssée de l'espace*），或是恩斯特・克萊恩（Ernest Cline）的《一級玩家》（*Ready Player One*）。總之，這個道理對某個故事成立，對所有其他故事也成立，那就是說故事是關於衝突的藝術。說故事的人其實就像校園裡的臭小子，下課第一件事就是找人打架。所有的故事都是在敘述對抗，發生在你的主角體現欲望，以及面對種種障礙之間的對抗。對抗最終會獲得什麼結果，這個疑問是故事的亮點。成功和失敗的概念是好故事的核心。說故事的人施展所有才華將上述的疑問戲劇化。對於主角來說，渴望必須發自內心。直白地說就是攸關生死，他想成為世界上最好的廚師，還是就只想平靜地吃頓午飯。在我們進一步探討這個問題之前，必須要了解所有的角色都在不斷變化，無止盡地創造敘事張力。

◘ 因果關係、欲望和障礙

為了編故事，我們挑個句子作為起點，例如：「王后死了」。這是很基本、很簡單的訊息，類似法新社的快訊。我們當然可以從這句話創造出一段敘述，但是，儘管擁有寫作的才華，仍然會出現直敘事實、平淡無奇的風險。因為它缺乏出彩的元素。如果我們改成：「王后死了。她是整個王國的幕後掌控者。國王為了保住自己的王權，從此開啟了戰鬥。」這一次的開頭會發展出比較精采的故事，你能從這個提議裡，看出必然會有的衝突地帶嗎？首先，它指出開頭的狀態：暗中掌權的女王。這個祕密包含了我們發展故事的第一個張力。接下來是國王的命運，我們想像這個可憐的人，完全無法應付等在前面的艱鉅任務。只是君王仍然有他的欲望，這就是關鍵。國王渴望保持權力，因此他逐漸沉迷其中，為了權柄竭盡所能。此外，你還會注意到因果關係的重要性。尤其是，造成衝突的起源自然會引發後果。正因為王后死了，正因為她還是幕後的統治者，於是暴露出國王的無能。也正因為他有保住權力的欲望，所以他會不惜一切代價來實現這一點。因果關係的概念是此中核心。別忘了，我們會對故事著迷，就因為它是意義的載體。賦予意義的正是因果關係，特別是因為它展示出我們最根本的衝突。戲劇的基礎建立在三個支柱上：欲望、衝突-實現該欲望所面臨的障礙，以及因果關係。說故事的另一個利器，也是皮克斯工作室所擅長的領域，就是把欲望賦予任何動畫表現的對象。

可能是衝浪者、高階管理者、白鯨、老鼠或外星人，誰都可以。只要你為它注入無法抑制的夢想，以及實現夢想的強烈意願，從那一刻起，一切都合理。可謂取之不盡的寶藏。人是製造欲望的機器。此外我們也看見塔倫提諾比較偏愛復仇。對莎士比亞來說，通常是野心和權力（往往夾雜著一點復仇）；至於伍迪・艾倫，認可、名譽或愛情都是強大的動力。所有偉大的故事述說者都有他們偏愛的夢想，輪到你來找到自己的夢想了（第3章的練習有助於達成這個目標）。

具體而言

「怎麼可能把溝通的策略建立在衝突上！」，或許有人會這麼想，但事實正相反。品牌的運作就像有機體，會出生也會死亡，而且和我們一樣，屬於敘事結構體。根據這番定義，必然帶著滿滿的衝突。其中就有最基本的衝突，因為是它，決定了品牌的創生。事實上，某個品牌就是來填補市場的某個空缺，有空缺，必然就有不滿足的欲望。策略規畫師喬恩・斯蒂爾（Jon Steel）提到品牌具備的敘述張力：「所有出色的品牌〔…〕都能解決每個個人與他們所處文化之間、潛在的緊張關係。〔…〕我們認為這種文化張力，是成就所有大品牌最有效的元素〔…〕它們的能量就來自內在的衝突。[22]」換言

22 Jon Steel, *Perfect pitch, the art of selling ideas and winning new business*, John Wiley & Sons 2006.

之，我們必須從廣義上來考量衝突的概念。它為品牌提供「意義」這項基本要素，有助於品牌的定位。正是對立以及因果關係的概念，才能表明品牌存在的合理性，推動它前進並使它延續下去。斯蒂爾還說：「廣告將產品變成品牌。」說故事的技藝就是在放大這種張力，給予品牌存在的理由，也就是購買它的理由。品牌管理專家尚-諾艾·卡費赫（Jean-Noël Kapferer）強調我們對意義的需求，而說故事就可以提供意義：「購買是件好事，但前提是要賦予意義，無論意義多麼微不足道。這就是為什麼如今品牌講究的關鍵字是『價值』和『使命』。[23]」

電力

接下來讓我們設想從這句話開始：「電動車很環保。」我們再一次看出，這個事實就像法新社的快訊一樣浪漫。現在來看看怎樣才能豐富這個提案，創造有利的條件，發揮優秀的述說技巧：「電動車很環保，創新的先驅者將它發展出來，獻給以拯救地球為使命的各位。」此一主張或可適用於電動車品牌特斯拉（Tesla），而該企業的執行長正是爭議不斷的伊隆·馬斯克（Elon Musk）。在第二個提案

23 Jean-Noël Kapferer, *Réinventer les marques. La fin des marques telles que nous les connaissons*, Eyrolles, 2013.

中有個信條，簡直可以算是偏執的想法，因為它幾乎是矽谷所有新創企業的共同信條：「地球有危險，必須拯救它。」雖然太陽底下沒有新鮮事，但美國加州這家公司，把當前的現實與堪稱最偉大的科幻神話相結合後，成功地將這個想法戲劇化。為了讓衝突出現，就得找出阻力，也就是對手。特斯拉的對手當然是全球暖化，不止如此，還有傳統汽車製造商。馬斯克的目標不是徹底改變電動車產業，而是重塑整個汽車工業。企業家和他的客戶成為今天超前於時代的英雄。

這種心態直接傳承自1960年代的反文化運動，就像蘋果公司和它的兩位創辦人，史蒂夫・賈伯斯和史蒂夫・沃茲尼克（Steve Wozniak）一樣，他們起初不過是兩個小駭客，一心只想鑽法律漏洞。於是他們共同開發了第一個系統，可以駭入電話亭、免費打電話的工具。他們的宿敵是政府與機構。以下是蘋果公司說故事的基調：「我們提供工具讓你脫穎而出，在歷史上留下你的印記。」這個信條在《1984》的廣告片中表現得特別精采，導演是雷利・史考特（Ridley Scott）。在猶如噩夢的場景中，一名運動員裝束的年輕女子，衝入一群穿著灰色囚衣、剃光頭的男人中間。她一直跑到大銀幕的前方，銀幕上的人念著咒語一般的號令，隨即她丟出手中的大錘子，砸向銀幕，從而解放了呆滯的群眾。然後是末尾的文案：「1月24日，蘋果公司會推出麥金塔電腦，你即將了解為何1984年絕對不會成為《一九八四》[24]。」大約13年後，蘋果又推出著名的口號「非同凡想」（Think different），直接來自同樣的核心思想。在設定明確的敵人這方面，賈伯斯無與倫比。說到底，無非就是其他的品牌，尤其是同時期比爾·蓋茲帶領的微軟，以及2007年發表iPhone時的一干傳統手機製造商，其他對手還有谷歌和三星。

所以在涉及市場和競爭的問題時，可以看見非常具體的衝突，像是百事可樂與可口可樂，也有比較抽象的例子，像是Intermarché超市的「反對高物價」。

讓鴕鳥飛的技藝

撒哈拉沙漠的深處，乾旱的土地上一群鴕鳥靜靜地吃草。其中一隻離開同伴，走近一棟小別墅。桌上擺著用過的早餐還沒收走，鴕鳥開始啄食剩下的食物，旁邊恰好放著虛擬實境的顯示器。不知怎地，牠的脖子套上了機器的帶子，裝置開始啟動，受到控制的鳥兒進入了其他鴕鳥永遠不會出現的地方……天空。牠發現自己有一對翅膀，而且還能伸展開來，於是牠戴著顯示器在沙漠中奔跑。第二天早上，我們的鴕鳥沒了顯示器，現在是挑戰現實的時刻了。牠下定決心，當著同伴的面再次奔跑起來，但這次牠懷著堅定的意志，一定要飛起來。牠成功了，從同伴驚訝和羨慕的目光前展翅離去。隨即是廣告標語：

24 譯註：英國作家喬治·歐威爾（George Orwell）於1949年出版的小說。

如何找出衝突的幾個切入點

- 提出疑問
- 發現形成阻礙的真相
- 找出客戶爭取的目標
- 掌握行動的原因，選定戰鬥內容
- 質疑先入為主的想法，就假設進行推斷
- 從造成困擾的改變著手

「我們化不可能為可能。挑戰你所不能。」這是三星的廣告內容，推出時間緊接著另一個廣告。之前那個詳細說明韓國品牌如何悉心製造旗下手機，即使曾經有過麻煩也不會受到影響[25]。這個廣告囊括我們之前列出的所有元素。它把衝突搬上舞台，這個對立狀態介於我們內心深處的夢想，以及所有我們認為無法實現的目標之間。廣告呈現出願望。鴕鳥的夢想只有一件事，就是展翅飛翔。我們看到起因與它的後果。在戲劇化的過程中，還伴隨著大家對鴕鳥企圖飛翔的懷疑。

[25] 2016年9月，三星Galaxy Note 7發生多起手機充電時爆炸事件，三星不得不停止銷售該系列，並召回數百萬支手機。

練習 ▶▶▶

挑起爭端

→ 想像出一個人物，把他送到最不適合他的地方。像是把心理僵化的人力資源部主管，送去剛成立幾個月的新創公司；或是責令害羞的公關總監，今年必須向所有股東介紹公司的年度目標。

→ 列出你所屬企業的敵人名單。首先從競爭對手開始，接著不妨考慮更廣泛的設定理由。想想你的客戶，他們每天都在和什麼難題奮鬥？

→ 練習運用視覺上的對比，把衝突當成消遣。可以把毫不相干的元素放在一起，大鍵琴與龐克、棉花與釘子，冰與火……

→ 把自己當成設計師，思索一番自己的定位。可以效法偉大的義大利圖像設計師馬西莫・維涅里（Massimo Vignelli），他把自己描述成對抗醜陋的鬥士。

06_

鐵達尼症候群

**為品牌說故事構成了它向外展露的部分，
但是，脫離公眾視線的表相之下，
隱藏著把故事組建起來的基本元素。**

艾密特的生活

「一切皆美好！我們是團隊，一切都很酷。一切皆美好！我們有夢想……」艾密特愛死了翻來覆去的這段歌詞。他能一遍又一遍唱個不停，唱到太陽下山。他是建築工人，住在積木堡；每天從早到晚都有來自上級的教導，還要不斷複誦必須遵循的規則和指令。然而艾密特不知道自己和其他人不一樣。他是天選之人，「建造大師」團隊的一員。這些特別成員完全不用看說明書，就能用樂高積木建造所有他們想要的一切。在《樂高玩電影》（*The Lego Movie*）這部片中，艾密特經歷一連串驚險的遭遇，但同時發現了自己隱藏的技能以及非凡的命運。影片於2014年上映，由菲爾·洛德（Phil Lord）和克里斯·

米勒（Chris Miller）執導，為今日的品牌宣傳作出絕佳的範例，還有助於理解「說故事」指的是什麼。

品牌也是媒體

Storytelling起初指的是，所有用來講述故事所需要的技巧和能力。運用到行銷傳播上，它能以書寫或口述的故事形式，把訊息傳遞出去。隨著數位技術的到來，以及傳播和行銷技術的演進，Storytelling的含義承擔了新的內容。今天，它指的是任一機構在它和受眾之間的每個接觸點上運用的所有表達符號。正如我們所見，就算品牌不想觸碰傳播，也不可能迴避傳播的管道。一切事物都能參與建構所謂的宏大敘事。事實上，品牌產生的一切，如產品、訊息、服務、內容，都進入了傳播的領域。所有這些元素都能表達、支持與展開對品牌的敘述。品牌和其他任何媒體一樣，並無二致。這也足以解釋為什麼每個人都在談論說故事的技巧，而實際上很少有人會真正運用這個技術，或者說有意識地加以利用。發揮該技術的最佳方法，就是從衝突的基本概念出發。現在可以用樂高來進行我們逐漸熟悉的練習。首先要舉出事實：「建築遊戲能培養創造力。」我們可以把這個句子當成起點，發展出下列訊息以打造溝通活動：「建築遊戲能培養創造力，讓父母和孩子分享特殊的美好時刻。」以這個想法為基礎的廣告，經過精心的執行製作，可以充分發揮它的作用。廣告進入樂高說故事的環節，但不是「說故事」字面上的意思。

龐大的置入性行銷

讓我們來看看，給它注入更多的衝突會產生什麼效果：「建築遊戲能培養創造力。讓兒童建立他們的夢想，不用遵循規畫好的道路。」《樂高玩電影》的基調就是建立在這個想法之上。同時也是「樂高」這個丹麥品牌給予自己的使命。其實製作一部表現企業優點的電影不是什麼新鮮事。2000年上映，由勞勃・辛密克斯（Robert Zemeckis）執導的《浩劫重生》（*Seul au monde*）使用了相同的手法。這部電影十足就是聯邦快遞（FedEx）長達一個半小時的廣告，是迄今為止出現在電影裡最大手筆的置入行銷。我們在第15章還會繼續討論這一點。不過目前這已是發展成熟的現象，廣告公司在某方面成了好萊塢的直接競爭對手。樂高企業的不同之處在於，它的一系列電影屬於真正的策略。丹麥人選擇製作高品質的娛樂節目，而不是使用傳統的廣告。他們運用自家產品世界中的英雄，但也充滿野心，經過深思熟慮之後進行購買授權的行動[26]。樂高是說故事的高手。每個遊戲盒都是根據故事來設計，把故事中的某個特定情節，直接畫在

26 迪士尼（星際大戰、神鬼奇航、汽車總動員……）、DC漫畫、漫威漫畫等等。

包裝上。我們前面提過的特斯拉製造商則屬於完全不同的類型，不花一分錢買廣告，他們的成功主要在於發布用戶體驗，同時也和其創始人暨執行長的個性有關。所有這些都能為成功的「宏大敘事」創造條件，讓它以具有邏輯性、符合期望的方式，來運用說故事的基本原則。對品牌而言，這就意味著無論採用哪一種擅長的方式，都必須一直保持平易近人，但最重要的是，它提供的內容與服務水準始終相同。

方法、願景和使命

品牌定位就是賦予品牌意義，也是在市場上創造心理標記。說故事的行動就像一座冰山，大眾接觸到的是它顯露在外的部分，淹沒在水下的體積才具有主導作用，由它來決定整個品牌策略，提供支援。

方法：我們將上文提到可見的部分定義為「方法」。它匯集了品牌能表達出的所有元素，表現出品牌的個性。此處涉及意義最廣泛而完整的設計概念，讓我們看到產品、服務、訊息和內容。所有構成品牌體驗的一切。

願景：現在讓我們潛入水下，位於冰山基底的第一個元素是品牌的「願景」。願景構成「洞察力」的中心思想。洞察力屬於多樣化的

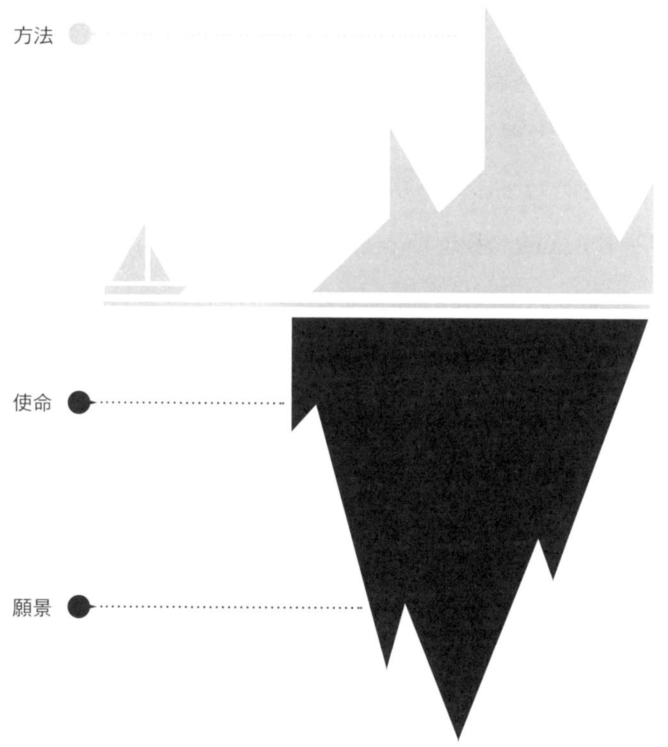

概念，根據使用領域的不同，其定義也有差別。在溝通和行銷中，它代表某種想法的形式，有些人說它具有揭露的性質。它的定義是，對一定數量用戶的行為、使用方法或習慣的深刻理解，但不完全是觀察，更像是我們賦予觀察的意義。這類理解有助於指出，在特定市場中，哪種產品或服務具有開發的必要性。企業家的工作有點像探險家，不斷尋找時空中的斷層好進入未來。只不過企業家人不在太空，

而在交易市場中，當然，在很大程度上看不到實體，但仍然明確存在。使用「時空」這個詞是因為洞察力深植於時間之中。它指出什麼是現在的需求，扭轉了過去的解決方案，並且具有某個有朝一日、不可忽視的發展潛力。蓋瑞．坎普（Garrett Camp）、崔維斯．卡拉尼克（Travis Kalanick）和奧斯卡．薩拉查（Oscar Salazar）來到巴黎參加會議，結束後招不到計程車，他們發現自己居住的舊金山也有同樣的問題，於是成立優步（Uber）。尼克．伍德曼（Nick Woodman）想要拍攝自己衝浪的過程，但在市場上找不到夠堅固又防水的攝影機，因此開發了GoPro，並成立同名公司。2008年金融海嘯過後，英國銀行First Direct認為是時候創建符合客戶需求的銀行，而不是一味順應銀行家的要求。為品牌組織制定願景，必須考慮到過去、現在和將來的情況。此一願景有助於創造敘事張力，我們之前提過這是出自喬恩．斯蒂爾的論述。敘事張力會成為品牌說故事技巧的根源。

使命：我們可以看見，廣告有它的不足之處，絕對不是用來呈現和銷售產品或服務的必要條件。創業家賽斯．高汀（Seth Godin）表示，如今品牌只有與族群和使命相結合，才能擁有正當性。這裡的「使命」就是大家常說的品牌價值觀。品牌在制定策略，以便運用說故事的技巧時，必須清楚自己想給大眾留下怎樣的文化印記。為了建立使命，並讓它具有明確的形式，我們再度發現自己處於直覺與理性會合的交叉點，一邊是人格（ethos）[27]，賦予話語可信度，另一邊是

品牌使命的例子

谷歌：「匯整全球資訊。」
優步：「移動的促成者。」
特斯拉：「加速全球轉向永續能源。」
亞馬遜：「成為全世界最重視顧客的企業。」
Facebook：「給予人們創建自己社群的能力，拉近彼此的距離。」
Airbnb：「創造隨處都有歸屬感的世界。」
法國巴黎銀行（BNP Paribas）：「為改變世界的人提供服務。」

情感（pathos）[28]，使話語為大眾所接受。而使命就建立在有實體和無實體兩者之間，也就是使用價值（為我們解決問題、具體而直接的效用）和形象價值（產品的象徵性）之間，它是使用者在消費時對自己說的故事。我們著手讓品牌的使命具有盡可能明確的形式，同時就能為說故事的行動創造出各種環境。這一點就是「有抱負的」品牌與其他品牌之間的區別。我們還可以注意到，在思考如何規畫我們自己的述說行動時，這些規則不僅適用於組織，也適用於個人。

27 在修辭中，ethos對應於說話者藉由演說所給出的自我形象。（譯註：「人格」雖是常用的譯法，但在本書中，應可理解為「性格」、「個性」。）

28 對於亞里斯多德來說，pathos是另一個說服大眾的手段，但訴諸的是情感。

練習 ▸▸▸

制定策略性的願景與使命

→ 試著為你的組織制定願景。首先，它會從哪裡產生？什麼是讓它奠定基礎的事件？是什麼讓它符合今天的狀況？又是什麼會讓它明天同樣不可或缺？

→ 為你的品牌寫出它的使命。因此，必須以你的受眾、你的用戶為出發點。思考一下對他們來說，什麼是真正重要的事。他們主要的期望是什麼？你的附加價值是什麼？你能為他們提供什麼幫助？

→ 假設主題是個虛構的人物。他是誰？他的使命是什麼？他的能力和優勢是什麼？

07_

從策略到戰術

制定溝通策略如同撰寫電視影集。
它必須具有長程的願景，以及為實現願景而開展的大量行動。

從教師到毒品販子

你知道華特．懷特是誰嗎？他是電視影集《絕命毒師》（Breaking Bad）的主人翁。50多歲的華特住在美國新墨西哥州的阿爾伯克基，妻子是迷人的斯凱勒。懷特夫婦有個身患殘疾的兒子小華特，如今斯凱勒再度懷孕，一家人期待女嬰的到來。每個月到了月底，日子總是過得入不敷出，華特的正職是高中化學老師，此外他還必須兼差，在洗車店打工。懷特一家的日子過得並不容易，但至少生活樸實幸福。直到某件事造成翻天覆地的改變，華特得知自己患了晚期肺癌。他負擔不起治療疾病的費用。當他和昔日的學生、今日的毒品販子傑西．平克曼聯手時，他的命運發生了轉變。華特竭盡自己在化學領域傑出的才能，「烹調」並販賣合成毒品甲基安非他命。這個新業務在五季62集的電視劇中，帶領華特・懷特走上波折四起、險象環生的道路。《絕命毒師》影集的編排方式，特別能夠說明當今品牌應該如何運作。影集分季播出拉長了時間軸，每一集以較短的時刻排序，每個時刻之間由必須穿插的廣告斷開。這樣的節奏很適合說明如何安排品牌的傳播企畫。

小創意

2016年，全世界每個月的共享影音短片總時長相當於600萬年左右[29]。網路是第一個全方位的通訊設備，是之前所有媒體的混合體。尤其它還是個完全雜亂無章的系統，每天都會產生大量訊息。之前我們說過，品牌與其他任何媒體之間並無差別，進入網路時代後，很難從持續的資訊和內容流量中脫穎而出。它的主體性不應再簡單定義為靜態（主要出於設計）或動態（例如製造出新物件時[30]），而是必須像生物體一樣進化，它的行為會隨著它與大眾和環境的互動進行調整。用戶期待「響應式[31]」品牌，一天24小時、每週七天全年無休地

29 https://siecledigital.fr/2014/11/10/video-marketing-les-chiffres-redoutables

30 https://www.fastcodesign.com/1664145/branding-is-about-creating-patterns-not-repeating-messages

提供服務。進行組織化的時候，為了促進某種形式的對話，必須將一切布置妥當。因為今天就我們對品牌說故事的理解，整個行動必須從好幾個方面共同完成。品牌必須特別注意對話的概念，它能讓品牌盡可能貼近用戶的需求。我們從已經存在的溝通模式，轉變為「有意義的連結」（meaningful connection）模式，連結到意義和價值的源頭[32]。李夏琳（Charlene Li）和喬許．柏納夫（Josh Bernoff）在合著中就表示，「你的品牌內容由你的客戶決定。[33]」實際上它已不再完全屬於自己，受眾也擁有品牌的一部分。這種對話透過每天數以千計的交流來進行，其困難之處是在這些交流中保持一致性。

因此，一邊是溝通的總體目標，另一邊是為數眾多的小規模溝通行動，對保持上述的一致性至關重要。這是策略和戰術之間持續不斷的振盪。策略是中程溝通的目標，戰術則展現為策略性目標服務的所有針對性行動。「與其尋找偉大的創意，品牌應該開發大量的小創意。[34]」運作起來完全就和《絕命毒師》一樣。在試映集中有個場景，我們跟著教室裡的華特．懷特上了一堂化學。他在講解中親口

31 通常用在創建網站時的術語，意指能夠根據環境調整和優化網站本身的設計方法。

32 Thomas Jamet, *Les nouveaux défis du brand content. Au-delà du contenu de marque* , Pearson, 2013.

33 Charlene Li, Josh Bernoff, *Groundswell, winning in a world transformed by social technologies*, Harvard Business School Press, 2011.

34 https://www.fastcodesign.com/1664145/branding-is-about-creating-patterns-not-repeating-messages

陳述了《絕命毒師》的主題。他對學生這麼說：「嚴格說來，化學是研究物質的學科，但我比較喜歡把它看成是對變化的研究。電子改變它們的能階，分子改變它們的化學鍵。種種元素組合在一起變成化合物。生命不就是這樣嗎？持續不斷地循環下去。解決什麼，溶解什麼，一遍又一遍……茁壯，然後衰退，接著再轉變。真是太精采了。」只可惜，我們很多人從來沒有花時間思考過其中的關聯。這部電視劇的每一集都表現出「生命就是永不停止的改變」。

品牌完全以相同的方式運作。首先在策略層面會有品牌的願景、使命和方法。以電視劇而言，就是由整個影集來講述故事。然後是戰術層面，由每一集的內容、甚至每個場景加以發揮。所有這些元素組合在一起，就能展示之前提過的主題。涉及說故事的技巧時，我們的任務完全就像「劇集主創[35]」，負責讓故事的構思和執行過程順利進行。我們必須確保，安排在品牌與受眾之間，每個接觸點上的小創意，都在為著眼整體的偉大創意服務，符合我們賦予它的願景、使命和方法。

35 「劇集主創」常常是影集的作者，在劇本寫作的過程中，他負責監督編劇團隊，確保作品各組成部分的邏輯性。

36 Thomas Jamet, *Les nouveaux défis du brand content. Au-delà du contenu de marque*, Pearson, 2013.

內容

品牌意味著信守承諾。如果不能履行這個功能，就失去了品牌理念。已經出售的產品或服務當然是承諾的一部分。品牌所建立的內容也是如此。「與其中斷別人的安排，不如交出支配權，讓他們自行感受。只是如果這麼做，需要的時間不止30秒。〔…〕消費者希望覺得自己是你品牌故事中的主角。在你提供給他的遊戲中，他是英雄，而不再是銷售活動的受害者[36]。」說故事的技巧對「品牌內容[37]」（brand content）的策略非常重要。由品牌打造和傳送出來的內容，已經成為行銷策略必不可少的要點，而且這種現象存在已有一段時間。它取決於兩個關鍵價值，一是使用價值，意指它即時提供的具體效用，二是形象價值，受眾以象徵的方式從中獲得的東西。我們可以從樂高公司的例子看出來，他們內容策略的成效，遠遠超過企業部落格上單純的文章，或社交媒體上的貼文。各大品牌紛紛進入「娛樂圈」較勁，直接來到好萊塢幾個製片廠的地盤上一較高下。因此，在我們寫下這段文字時，有報導稱蘋果公司正準備投資十億美元製作自己的電視劇[38]。不過蘋果公司一直透過自己的iTunes應用程式，播

37 「品牌內容」意指在內容行銷邏輯中，基本上由品牌直接打造出來的內容，通常屬於提供給網際網路、印刷品或電視的編輯式內容（用戶體驗影片、建議、教學影片、實用文章、論壇、報導等），也可以採用許多其他內容的形式（影片、遊戲、展覽、書籍等）。

38 http://abonnes.lemonde.fr/pixels/article/2017/08/17/apple-va-investir-un-milliard-de-dollars-pour-produire-ses-propres-series-tele_5173174_4408996.html

放自己的音樂節目，以及許多應用程式的新聞節目。此外它還提供課程，教導大家如何使用它的產品進行創作。當然，蘋果公司具有龐大的資源，不過它仍然概略呈現了我們可以在「使用」與「形象」之間所採用的定位。

Weber烤爐也以自己的方式在這個部分下工夫。他們表示燒烤不僅是歡聚的理由，同時還可以進行高水準的烹飪，這是幾年來Weber一直採取的定位。該品牌架設了提供課程的「燒烤學院」（Grill Academy）網站，除了可以報名上課之外，當然也可以看到品牌的最新消息。Weber更提供印刷精美的雜誌，其中包含製造商的型錄、器材使用建議和食譜。雜誌內容呈現某種特定的生活方式，圍繞著烤爐四周有不少穿著格子襯衫、留著大鬍子的美式文青。所有這些都有助於擺脫沙灘營地充斥著烤沙丁魚氣味的形象，而且就和蘋果公司一樣，完美遊走在形象價值與使用價值之間。

「品牌新聞」

優秀的數位策略和優秀的出版策略具有相同的性質。處於當今這個對話的時代，「品牌新聞」的概念看起來足以成為解決方案，雖然它的要求很高，但從長遠來看不失為可行的做法。重點在於讓廣告帶上社論的氣息，而不是將社論「廣告化」，於是它超越了策略的範疇，成為必須保持的態度，遵循新聞出版界的要求、標準與目標，這

紅牛

紅牛企業在創作和重塑宏大敘事這方面，具有特別先進的能力。1987年，迪特里奇．馬特西茨（Dietrich Mateschitz）在家鄉奧地利推出第一款能量飲料：紅牛（Red Bull Energy Drink）。它不僅是全新的產品，更開發出全新的產品類別。該品牌把它的故事建立在紅牛是禁忌飲料的想法上，甚至讓飲料中主成分牛磺酸的來源，任由坊間散播相關傳言，不多去闢謠，「校長不准，但學生在餐廳要喝的飲料[39]」。紅牛以這個想法為起點，把行銷的重心放在贊助極限運動，但並非以傳統的方式進行。這家奧地利公司不是把自己的品牌，展示在現有的競賽中，而是乾脆把比賽抓在手裡。他們舉行新的比賽，買下競賽隊伍，造就冠軍，例如一級方程式賽車手塞巴斯蒂安．維特爾（Sebastian Vettel），他從八歲就加入紅牛隊。品牌已完全屬於這些運動文化的一部分。馬特西茨特別擅長駕馭他的目標：他抨擊主流體育運動的「學院派」作風，偏好非主流運動，舉辦或贊助極限跳水競賽，花的錢要比網球或足球這類傳統運動要少得多。這個策略也使該品牌在汽車名人和運動員可信度的圈子裡聲名大噪。除此之外，紅牛還擁有自己的電視頻道和雜誌，充分開發品牌在媒體與新聞方面的勢力範圍。

樣才能為新聞性的敘述，製造出搬上檯面的環境。這種態度基於閱讀常規的概念。新聞口吻的故事必須脫離慣用的行銷話術，內容要能巧妙而間接地傳達品牌訊息。所以，有必要調整敘述形式，讓它不僅止於適合傳播媒體，還要能判斷出哪些人是最有能力傾聽和分享的群眾。此外也要知道如何就設定的主題，做出專業的編輯選擇。

39 « Les dix stratégies de Red Bull pour dominer le monde », octobre 2012. www.gqmagazine.fr

練習 ▶▶▶

在品牌策略中運用說故事的技巧

→ 為你的內容找出使用價值。首先要想一想，客戶希望從你的品牌獲得什麼。你可以建立哪些內容，讓它們既能跟進你提供的服務，對客戶而言又很實用？內容可以採取課程或文章的形式，就某些特定主題為客戶作出說明。不一定要找出偉大的創意，比較像是採用雜誌的立場，構想出長期的出版計畫。你可以利用你在上一章練習中設定的使命。

→ 拿出你所屬部門的行事日程表。列出重要的活動與時段。你能為這些關鍵時刻構想出什麼內容？

→ 把你創作的內容視為教學工具，引領這一行的新人步上軌道，同時也為有經驗的老手提供有遠見的反思。

08_

品牌體驗

我們會在這一章觀察構成品牌體驗的是什麼，
並了解它是如何形成說故事的重要一環。

星際效應

「你出生的時候，你媽對我說了幾句話，我從來都沒有真正搞懂過。她說：『從現在開始，我們在這兒的目的只是成為孩子們的回憶。』現在我大概知道她的意思了。」我們的地球已處於最糟糕的狀態，地表的沙塵暴不斷席捲而來，神祕的病毒正逐漸摧毀所有文化，使人類瀕臨滅絕。前太空人庫柏現在以務農維生，妻子已去世，他和女兒墨菲以及長子靠著小規模的農墾過日子。美國太空總署的祕密團隊，要求庫柏參與載著人類最後一絲希望的任務，探訪位於太陽系之外的宜居行星。主角必須駕駛太空船穿過黑洞，不用說，到達和離開的機會都非常渺茫。無論如何庫柏決心要走，這是他的宿命。

離開之前他試圖安慰女兒，讓她接受他應該再也回不來的想法。這是導演克里斯多夫·諾蘭（Christopher Nolan）的電影《星際效應》（Interstellar）的劇情大綱。庫柏正是在這個情況下，對著女兒說出了本段開頭的幾句話。它完全能夠說明今天「品牌體驗」的含義：製造回憶。

全面體驗

1998年，約瑟夫·派恩（B. Joseph Pine II）和詹姆斯·吉爾摩（James H. Gilmore）在《哈佛商業評論》（*Harvard Business Revue*）發表〈體驗經濟時代的來臨〉（*Welcome to the experience economy*）一文[40]。他們是該領域的先驅，為現在大家所說的「品牌體驗」提出了理論基礎：「雖然大多數的消費品，如食物、商品與服務，對購買者來說屬於外在接觸，但體驗是非常私人的，只存在於投入者，也就是參與者的心中，涉及情感、身體、知識，甚至精神層面。」確實如此，自數位革命以來，品牌體驗已逐漸成為重點。它轉變了「品牌」本身的概念，而且說故事的技巧具有關鍵作用，其重要性使它可以參與設計品牌的任務。迪士尼這個品牌，在主題公園和專賣店延續他們

40 B. Joseph Pine II, James H. Gilmore, « Welcome to the experience economy », *Harvard Business Review*, juillet-août 1998.

向大眾販售的故事，就比其他品牌都更早抓住了這一點。法國南特市的機械劇團（Compagnie la Machine）也向大眾推出完全相同的做法。遊客在劇團園區可以探索不同的活動場地，尤其是位於舊機械工場這一角，他們會發現自己一下子進入了另一個天地，靈感彷彿來自作家凡爾納或電影導演尚-皮耶·居內（Jean-Pierre Jeunet）的世界。體驗是全面的，景點、劇團人員、布景、海報、精品店和餐廳，全都包括在內。對於派恩和吉爾摩而言，以下是打造品牌體驗的五個關鍵：

- **主題**：它是體驗的基本要素，決定了體驗的一致性。之前在談到品牌使命的概念時，曾經說過這一點。我們還會再提到它，因為主題是所有好故事的基礎。

- **正面印象**：品牌體驗會帶來難以磨滅的印象。這些印象會把選取的主題展現出來。

- **負面印象**：避免任何不符合品牌使命的事件。

- **回憶**：成功的體驗就像成功的故事，為大眾留下情感和身體上的印記。

- **感性**：完整的品牌體驗會吸引並刺激我們的五感。它首先屬於感官上的體驗。

四個關鍵時刻

對於索利斯來說，傳統行銷所重視的「窗口」概念已經過時了，取代它的是「關鍵時刻」。為此他區別出四個時刻。

- 覺察：很奇怪，用戶知道你所提供的服務，通常是從其他網站（或搜索引擎等），而不是你的網站。
- 考慮：第二個關鍵時刻是用戶與你的在線服務、產品或內容，進行直接接觸。
- 交易：廣義的交流。用戶將他的注意力與時間給了我們，作為交換，品牌提供回應，滿足他的需求。這是用戶實際體驗相關服務或產品的時刻。
- 投入：最終的關鍵時刻，用戶在體驗了你的服務之後，建立體驗內容，放在社群網路上分享。

共有資產

我們知道時間的重要性超越空間。品牌必須保持隨時作出回應、提供服務。行銷顧問兼作家布萊恩・索利斯[41]（Brian Solis），跟隨派恩與吉爾摩的腳步，順著他們的直覺，將品牌體驗的概念形式化。他承接了兩位前輩的中心思想：為了讓大眾投入，品牌必須在每個分享的窗口，對他們的需求做出積極的回應。最終目標是讓用戶有意願為自己不久前的體驗，建立內容，或是在社群媒體上與親友分享。從廣義上而言，這就是進行交流。沒有人能獨占客戶體驗，品牌就更不用說了。客戶體驗是共同擁有的資產。這種分享能產生對話的條件，如果給予足夠的關注，組織就可以自我創新，以便持續符合實際需求。

41 Brian Solis, X : *The experience when business meets design*, John Wiley & Sons, 2015.

當Nike想讓我們跑步的時候

還記得在第4章，我們提到過打擊Nike的負面事件。隨後，Nike除了執行嚴格的生產規則、加強對工廠工作環境的監控之外，還發展出以健康為訴求的行銷和廣告手法。至於產品開發與製造，他們也在產品功能上有所突破，提供了全面性的體驗。我們之前說過，這個以「勾勾」為商標的品牌有著輝煌的宣傳歷史。它的大型廣告往往令人難忘，而且選擇傑出人物提供贊助的能力，也讓人記憶憶深刻[42]。無論涉及何種運動、制定何種目標，該品牌的勢力範圍，都能根據願景和使命，得到完美的識別和開發。

Nike的願景：「平凡人是日常生活的守護者。」

Nike的使命：「為每個人量身打造運動用品，享有與職業冠軍同樣的服務。」

為了展示這兩個主要的內容，當然少不了宣傳活動，而且還希望盡可能帶來身歷其境的感受。這讓我們特別想到英國導演蓋．瑞奇（Guy Ritchie）拍攝的這支廣告：《更上一層樓》（*Take it to the next level*）[43]。導演運用第一人稱視角，就像在玩電動遊戲似的，讓觀眾化身為熱血足球員，面對許多足球界的大明星，體驗一場又一場的晉

42 選擇，意味著各種可能出現的困難。不禁讓人想到老虎伍茲（Tiger Woods）或藍斯．阿姆斯壯（Lance Armstrong）捲入的幾件負面新聞。

43 https://www.youtube.com/watch?v=lZA-57h64kE

級比賽。Nike與迪士尼一樣，藉由銷售空間來展開品牌體驗。Nike的旗艦店設計得像是博物館，採用極氣派的方式展示產品和裝備，用來強化品牌形象，同時刺激其他規模較小的專賣店的買氣。

此外，它在產品開發與製造上，採用數位化的策略，遠遠超出單純的型錄與銷售應用程式。2006年推出的Nike+跑步應用程式，可謂此一領域的先驅。升級後成為現在的Nike+Run Club，結合了兩個品牌體驗的冠軍：Nike和蘋果電腦。這個應用程式為跑者顯示跑步距離、配速和時間，讓他用來追蹤自己的表現。在跑步期間和結束時，還會透過體育明星的聲音，給予跑者鼓勵。用戶跑得越多，積累的分數就越多，可以使他排名上升並贏得虛擬獎盃。隨著Apple Watch Series 3的推出，教練能在訓練過程中，以聲音即時跟隨用戶。這也是Nike建立的真正社群網路。每個人都有機會和自己的朋友或陌生人競爭，可以在Nike的品牌網路，以及Facebook、推特等各種平台上分享自己的表現。還有一點，它的計數器除了讓跑者知道自己的鞋子走了多少公里，還會告訴他何時該換換鞋子。因為，這一切的最終目的是讓你購買耐吉的產品。這種策略屬於我們所謂的對話式說故事模式。它讓品牌述說的故事，以及我們在使用品牌裝備時對自己說的故事，兩者完美地結合在一起。

口味的好事之徒

Michel & Augustin也是用來展示品牌體驗的好例子。這個販賣餅乾和乳製品的法國公司，由米榭・德侯維哈（Michel de Rovira）和奧古斯丹・帕略－瑪蒙（Augustin Paluel-Marmont）創立於2005年。這兩人曾是中學同學，創業的動機是因為注意到食品業普遍缺乏個性，尤其是沒有人能完全知道食品中含有哪些成分。Michel & Augustin除了注重製作過程與產品品質外，其獨特性還在於能夠利用與消費者接觸的所有窗口，排在第一位的就是包裝，他們用它來傳遞自己的故事。曾擔任該公司公關部門主管的夏洛特・柯修（Charlotte Cochaud）表示，他們使用一半Hello Kitty、一半艾蜜莉・普蘭（Amélie Poulain）[44]的口吻，述說企業的故事。所有員工的名字都出現在網站上，體現出完整的品牌內容。Michel & Augustin以什麼都能交流的態度，避開演講模式，直接面對顧客，引起顧客的注意。他們沒有和廣告公司合作，不採用傳統的廣告敘述，不擺架子，一切都出自內部員工之手。該品牌全面利用數位技術和社群網路，爭取網路用戶的參與，但是也非常投入實體接觸，每個月排定開放日，並且提供烹飪訓練課程。他們邀請顧客發言，品嘗新產品並給出意見。

44 譯註：《艾蜜莉的異想世界》（Le fabuleux destin d'Amélie Poulain）一片中，女主角在戲中的名字。

Burberry的案例

Burberry創立於19世紀中葉，創始人湯瑪斯．博柏利（Thomas Burberry）發明了華達呢防水布料，使得風衣（trench-coat）很快就成為該品牌的標誌性商品。然而2000年代初期，Burberry失去昔日光環。2006年，執行長安琪拉．阿倫茲（Angela Ahrendts）決定對組織進行深層改造，使它成為第一家完全數位化的奢侈品企業。這種轉變需要對品牌的用戶體驗進行徹底改革。阿倫茲的策略有很大部分借助於社群媒體，設定年齡層較輕的新目標，吸引他們與品牌直接對話。這個奢侈品牌也是最早在網路上播放時裝秀的品牌之一。最後，位於倫敦的旗艦店，在整體設計上也採用特別先進的手法，除了建築材質、建築本身和特定元素的極致表現之外，店裡還提供數位與實體的混合體驗，例如訪客可以在店家提供的蘋果平板電腦上，直接進行風衣個人化的設計。阿倫茲在離開Burberry之後，轉進蘋果電腦，執掌該公司的零售業務。

工作場所也極具自我色彩，取名為「香蕉園」。不久之前，Michel & Augustin還出版了幾本書，幫助讀者考取法國甜點師證照（CAP de pâtissier）。因此，尚－羅宏．卡斯黎（Jean-Laurent Cassely）把他們收錄《叛逆高材生》（*La Révolte des premiers de la classe*）[45]書中，充分描述了社會上的某種特定現象。作者表示，那些從高等學院畢業的高階專業人士中，有越來越多人成為甜點師、奶酪製造商或釀酒商，尋求在職業生涯找到新的意義。米榭與奧古斯丹也藉此為自己的品牌體驗，增添了一些使用價值。

45 Jean-Laurent Cassely, *La Révolte des premiers de la classe. Métiers à la con, quête de sens et reconversions urbaines*, Arkhé Éditions, 2017.

練習 ▸▸▸

開發品牌體驗

要設定體驗的內容，首先要定義你的受眾、你的業務目標、可能遇到的困難、進度表，以及你要展現的元素，越準確越好。還要收集用戶評價、他們的期望與偏好。

將你和用戶之間所有的聯繫窗口：數位、實體、電話，製成表格。找出之前你為組織確定下來的使命。每個窗口是否和你要敘述的故事表現出一致性？

你的受眾用什麼方式進行品牌體驗，請你盡量收集體驗反饋。並藉此改善品牌體驗的方式。

把你自已當成設計師，盡可能全方位考量你的工作。打造品牌體驗，完全就是建築師的工作。處理商標（logo），必須從整體上考慮它的應用方式，而不僅限於網站或海報。運用同理心開發視覺設計：閱讀起來很容易、簡化用戶的使用過程、避免在單一操作中切換畫面。這些是圖像用戶體驗成功的基礎。

路易絲·貝夫瑞吉

「仰賴衝刺的馬拉松」

路易絲·貝夫瑞吉（Louise Beveridge），愛爾蘭裔法國人，傳播界的佼佼者。她的職業生涯始於廣告代理商，隨後進入法國興業銀行集團（Société générale），先後在倫敦與巴黎、隸屬該集團的企業暨投資銀行（SGCIB）擔任傳播總監。後來又陸續在Antalis紙張經銷商、Atisreal地產諮詢公司擔任傳播總監。法國巴黎銀行收購Atisreal之後，貝夫瑞吉擢升為該銀行不動產部門的傳播總監，之後成為投資方案部門的品牌暨傳播總監。2011年進入PPR集團擔任傳播總監，推動集團更名為「開雲」（Kering），重新定位它的傳播行銷領域，使其國際化。目前她是獨立顧問，還在巴黎政治傳播學院（École de communication de Sciences Po Paris）教授品牌策略，是該學院高級管理碩士項目的名譽負責人。

››› 你認為傳播總監的首要任務是說故事嗎？

我從事傳播方面的工作以前，在倫敦金融城（la City）擔任商業經紀人。當時我二十出頭，記得我曾經告訴自己，做這一行必須要會計算、會說話，而我對第二項特別有天分。我的傳播生涯正是出自這番考量。有能力的傳播總監，理所當然要知道怎麼說故事。他必須能夠以敘事的方式組織訊息，這意味著他能簡化訊息，使它們容易理解，尤其是能讓人產生興趣。為此，傳達訊息的人必須隨時都能回答以下這三個問題：「說什麼？」、「對誰說？」、「怎麼說？」。也就是說他一定要清楚故事的主題，了解他的目標、他的受眾，同時還要知道他的訊息必須採用什麼形式。

提到「說故事」，有很長一段時間，大家都投以異樣的眼光，把它和操縱畫上等號。不過現在這個想法已經有了很大的改變。對於專業人士來說，它不再等於含糊其詞的廢話……否則，「語言的要素」這種說法，就會被排除在我們的詞彙之外。今天，說故事對傳播部門的主管而言，其目的是開啟對話，而非自說自話。它是我們與受眾之間必須建立的真正對話。

››› 那麼傳播總監如何利用敘述的技巧？目的是什麼？

正如我之前所說，它已成為必不可少的技術。可以用同心圓的方式來組織說故事的行動。圓的中心是內容；第二圈併入與企業營運相關的利害關係人。認識與了解你的利益相關者非常重要，垂直傳播的時代已經結束了，傳達訊息者必須有很強的聆聽能力，知道如何區分什麼是重要的，什麼不是。我們一直處在充滿雜訊的環境中，種種喧囂會讓我們一個不小心，就分散了對溝通目標的注意力。因此，為了把故事說好，你不僅要有出色的聆聽能力，還需要具備超強的靈活度。所以我們必須融入服務的企業，同時還需要配合形勢。我們的故事必須隨著敘述的時刻演變。目前對訊息的需求越來越大，還有個難題就是各方面的變動，都比以前來得多。我要回到剛才那個同心圓的比喻，第三圈包含的就是你在傳播時的表現方式，也就是眾所皆知的「語調」，意思是指我們選擇用來表達自己的語氣。這一點會在我們編織與受眾之間的關係時，發揮出重要的作用。

>>> 把優秀的說故事技巧用在傳播策略的祕訣是什麼？

我把傳播策略看成是穿插著衝刺的馬拉松。它是長期建設，需要拿出耐心，在一段長時間內，以穩定而持久的方式，反覆留下我們的訊息。不過我們也必須靈活，因為在建設過程中有時得加速運作，必須要跟上節奏，並順應賽程裡的各種狀況。有時可能是出於我們的選擇，例如事件或發表會，但也可能是必須忍耐的時刻，尤其是在困難時期。所有這些都需要高度的敏捷性和反應能力，而且我們必須一直朝著中期目標邁進。簡言之，當我們知道方向在哪兒時，行動起來一定會更容易……此外還有掌握時機這個重要的問題。完全就跟說故事一樣，你需要知道在哪些時候保持安靜，等待片刻，然後再繼續說下去。

>>> 關於你所提到的這些，是否可以舉出特別適合說明的企業範例？

我認為菲律賓群島銀行（BPI）的宣傳活動就把故事說得很好。這間金融組織在傳播過程中，始終能夠貼近受眾的期望。他們通過說故事的技巧，展示自己的效用與效率，不僅將他們發表的內容建立在宣告性的陳述上，同時還加入更具體的元素，來展開對話和參與的部分。

>>> 可以給我們最後的建議嗎？

我剛才說過，只有仔細傾聽利害關係人的需求，才能說出好故事。以前，傳播在運用說故事的技巧時，是由「內」而「外」，但現在相反。我們必須從「外圍」出發來表達「內裡」。這種作法是滿足說出好故事的基本條件之一。

III

好故事的5個特點

LES CINQ CARACTÉRISTIQUES D'UNE BONNE HISTOIRE

2008年，奇普和丹・希思（Chip et Dan Heath）出版了《縈繞在心：為什麼有些點子能扎根，有些會垮》（*Made to stick : why some ideas take hold and others come unstuck*）。兄弟倆透過此書，

為我們說明是什麼造就出令人難忘的述說行動。

他們以所謂的「都市傳說」支援自己的論述，

藉此說明有些故事如何滲透到我們的腦海中，

而另一些故事則是說出來就消失了。

他們揭露了在所有敘事中都很重要的五個特點。

09_ 簡單

精采的故事都是偏執狂，只傳遞一個訊息。

神祕綁架案

你知道緊急應對小組在巴黎的下水道，遇上了兩隻鱷魚嗎？遊客從佛羅里達帶了兩隻小鱷魚回巴黎，牠們還沒長大就被扔進馬桶沖走了。還是你聽說過有些青少年喝了易開罐汽水結果中毒，因為裡面有老鼠藥？這樣的故事數以千計。有些人稱之為都市傳說，現在更常用的說法是「假新聞」。這些小故事主要經過口耳相傳，以坊間流言的方式散播出去，如今則透過社群網路或電子郵件，進行大規模傳播和共享。

「都市傳說」一詞出自社會學家埃德加·莫蘭（Edgar Morin），他專門寫了一本書來討論「奧爾良的謠言」。1969年在法國的奧爾良市（Orléans），大家傳說有些年輕女孩在勃艮第街幾家服飾店的試衣間裡，被氯仿迷昏後失蹤了。當時這個帶有反猶太主義色彩的謠言[46]，並沒有任何證據能加以證實。然而它的發展程度不僅讓它登上當地報紙的頭版，緊接著連《世界報》（*Le Monde*）也為它作出專題報導。稍後，作家羅曼·加里（Romain Gary）的小說《雨傘默默》（*La Vie devant soi*）也提到它。事實證明，該傳說散布的範圍遠遠超出奧爾良市，不僅傳到其他許多法國城市，甚至還傳到國外，像是魁北克和羅馬。

◎ 親密的敵人

奧爾良的謠言充分表現出都市傳說的現象。第三部一開始就說過，奇普和丹·希思利用它們來破解、使故事令人難忘並迅速傳播開來的原因。首先，我們必須要了解，誰是述說者的敵人。他的藏身之處離我們近到不能再近，自我們出生以來，他伴隨著我們踏出的每一步，監控我們的一舉一動。我們從小到大念書，不論是小學、中學，他一直跟在我們身後。即使到了現在也沒變。就連我們打開一本書，或是坐在電影院裡，他依然存在。矛盾的是，這個敵人雖然不露聲色

46 譯註：受到謠言中傷的服飾店，店主都是猶太人。

但很仁慈，因為他愛我們。他只是想保護我們，防止任何人或任何事傷害我們。他就是我們的爬蟲腦（cerveau reptilien）。有這麼一派說法，我們的大腦具有三個腦區，彼此相互作用，同時各自的功能又結合在一起。最原始的部分稱為「爬蟲腦」。另外兩個分別是處理情緒和人際智能的邊緣系統，以及進行推理和分析的新皮質。爬蟲腦包含我們最原始的本能，尤其是生存本能。我們對周遭環境的所有知覺，都由這個部分加以過濾，以維護我們的生命，因此它會將我們從外部收到的所有訊息一一解碼。於是述說者的全副技能，就是透過這名守衛的防護欄，而不引出任何懷疑。希思兄弟表示，為了做到這一點，我們講述的故事必須具有一定數目的特點。以下是第一點……

掌握主要訊息

《小王子》作者聖修伯里（Antoine de Saint-Exupéry）寫道：「臻至完美，並非沒有什麼可再添加，而是沒有什麼可再刪減」。在給出任何結局之前，我們需要的是精簡。說故事的首要技巧是「簡單」。這一點絕對最難做到。你的故事越簡單，就越有可能出人意料。這條規則既適用於故事的構思，也適用於故事的書寫。我們的頭腦是工具，在長年的時光中只有一個優先事項：生存。它在每個當下即時運作。從頭幾行、第一張圖片、第一句話開始，爬蟲腦就進行分析，然後指示我們繼續聽下去，或者去做別的事。這時候它的目標在於不要讓我們覺得無聊死了。一個好故事只能為一個想法效勞，事關傳播內容的主要訊息，「傳播」這個新聞術語，我們在第14章還會再次提到。說故事的人必須立即引起大眾的好奇心，絕對不能迷失在非必要的迂迴鋪陳中。構思的時候，我們就需要考慮，自己要讓閱聽人知道什麼、記住什麼。我們必須問問自己：這個故事要展示的是什麼？

排出優先順序的過程既痛苦又困難。我們的第一直覺總是想要盡量多說，以確保大眾能夠理解，尤其不希望他們錯過任何內容。其實這正是應該避免的狀況。奇普和丹・希思表示：「如果你說三件事，就等於什麼也沒說[47]」。他們引用1992年美國總統大選期間，克林頓的例子。那是特別艱難的競選活動，民主黨候選人的論點抓不住要領，難以感染群眾。的確，作為純粹的政治家，他很容易傾向於放言高論，分散了他的演說內容。有一天在開會的時候，克林頓的助手詹姆斯・卡維爾（James Carville）認為他沒有抓住競選活動的脈絡，拿起馬克筆在競選總部的紙板上，寫下三句關鍵提示，其中之一是：「問題出在經濟，笨蛋！」。這個簡單的指令歸納出整場競選的精神，成為它的核心，至今仍然帶給美國人許多想像空間。

47 Chip Heath, Dan Heath, *Made to stick : why some ideas take hold and others come unstuck*, Cornerstone Digital, 2008.

滾球綠地公園（Bowling Green park）矗立著一座氣勢洶洶的公牛銅像，面朝紐約證券交易所，隨時準備衝向人群。它是阿圖羅·迪·莫迪卡（Arturo Di Modica）的作品。1989年，這位義大利裔美國藝術家將三噸半重的雕像放置在證交所外，他想展示「人民的力量與剛強」，表現他對該金融機構的抵制[48]。這項游擊藝術行動，抗議種種導致1987年股災的過激行為。這頭公牛後來移到滾球公園，如今它的象徵意義與一開始的原義正好相反，成為當地所有經紀人的吉祥物與金融勢力的代表。2017年3月7日，公牛的面前出現了另一尊纖細有加的雕像。同樣是青銅作品，但這回是個小女孩，跟長襪皮皮有點像，帶著幾分虛張聲勢的模樣，驕傲地看著兇悍的銅牛。創作者是美國雕塑家克莉斯汀·維斯巴（Kristen Visbal）。這座雕像就是廣告宣傳，委託人是一家金融機構，道富環球投資管理公司（SSGA）。由於3月8日是國際婦女節，麥肯廣告集團（McCann）的策畫是讓小女孩展現女性具有在大型企業管理層任職的能力。你可以看出來這個想法很簡單：「何不把勇敢的小女孩，放在最魁偉、最暴烈的男權代表前面？」非常成功的宣傳活動。甚至還有好幾千人簽署請願書，要讓小女孩一直留在華爾街公牛的正前方。由此可以說明，我們不一定需

48 https://fr.wikipedia.org/wiki/Taureau_de_Wall_Street

開始之前要先提出正確的問題

不要還沒得到答案就開始創作：

1- 受眾是誰？
2- 不同產品之間的真相是什麼？彼此的差異何在？
3- 品牌在它所處市場中面臨什麼難題（競爭、技術提升、新法規等）？
4- 宣傳活動的任務是什麼：介紹、吸引目光、說服？
5- 對受眾有何期望？
6- 想要傳遞什麼訊息？

要文字來講述故事，符號自有專屬的敘事能力（前提是要能顯現衝突）。這強大的能力令人無法忽視它說故事的力道。然而幾個月後，道富環球公司因為一起糾紛，不得不以500萬美元進行庭外和解。該公司遭指控支付女性員工及少數族裔員工的薪水過低。說故事講究把故事說好的技巧，但也不能瞎說騙人……

練習 ▸▸▸

簡化你的故事

→ 想像一下，你必須用一兩句話描述自己，好讓心儀的對象接受你。你要如何吸引他或她？

→ 為你的所屬企業或創意工作室的旗艦產品取個新名字。試著替它創作扼要的簡報。首先，你要對誰說？什麼是讓該產品與競爭對手作出區別的主要優勢？盡可能列出足以表現產品特性的名字，越多越好。找出最具有代表性的那一個。

10_ 出人意料

說故事的人可能犯下的最糟罪行，就是說出大家早已知道的事。

「《驚魂記》一定要從片頭開始看！」

「我們很肯定你吃晚餐，絕對不會先吃甜點再吃主菜。所以你能理解我們之所以如此堅持，是為了讓你從頭到尾、完整欣賞我們想要呈現的《驚魂記》。我們絕不允許你打馬虎眼。全國每家電影院的每個負責人，萬萬不可讓任何人在《驚魂記》開始放映後進入戲院。這不是開玩笑，無論是戲院老闆的兄弟、美國總統，還是英國女王（上帝保佑她），誰都不准。為了幫助各位配合這個特殊的做法，我們在下面列出各場次時間表。請把它當成自己生活中的大事對待——最好是詳加查詢並切實遵行。希區考克拍攝《驚魂記》的過程困難重重。當時，希區考克與合作的派拉蒙影業之間衝突不斷，派拉蒙並不看好這部電影，為了反擊，電影公司幾乎沒有為電影上片編列任何廣告預算。導演因此有了用說故事的技巧進行宣傳的想法。影片上映的消息（如上文所述），是透過報章雜誌的插頁廣告、電台插播，以及電影院入口的海報來宣布的。它的內容與當時常見的廣告用語形成鮮明的對比，不僅載有非常豐富的訊息，而且極具幽默感。希區考克本人署名，邀請觀眾提早入場，以免錯過片頭。他還禁止看過的人透露結局。電影上映時更是戲劇性十足，因為某些戲院門口甚至有警察站崗，就怕有人買不到票或遲到而大發雷霆。戲院門口大排長龍，觀眾迫不急待想知道，到底是什麼樣的故事會需要這樣的安排。

邁向未知並超越！

讓我們再次回到爬蟲腦。這個聖殿小衛兵有個軟肋，他對好奇心上癮。我們確實都會因為急於知道故事的結果、而沉迷在它製造的緊張情緒中。不過我們也會耽溺於結局揭曉之後的放鬆與安心。由此可知，你最糟糕的表現，就是向你的聽眾敘述他們已經想到的事。這種情況所造成的效果，就是讓隱藏在突觸最深處的蜥蜴，用後腳挺起身子，展開頸部的領圈，立刻讓你的閱聽人轉而投入自己心愛的社群網站，看一看網路新聞。你的行動目的必須把故事導向最意想不到的情節，有點像是把人導向某個特定方向，但同時卻讓他的視線轉移到另一個不同的地方，而他卻渾然不覺。當然，要做到這一點並不容易，美國導演暨劇作家大衛・馬密（David Mamet）如此形容：「要讓他們興奮，我自己也要感到興奮。」說故事的人自己也要能被故事所引導，讓自己感到意外。驚訝就和衝突一樣，必須不斷進入構思的過程中。說故事的人無疑是操控謎團或謎語的藝術大師……

我們在前面提過偉大的史蒂芬・史匹柏。他說自己小時候很喜歡做噩夢，尤其是那些半夜把他嚇醒的夢。他解釋自己因此可以體會從溫暖舒適的床上醒來後的愉悅。不過他更喜歡的是再次入睡，這樣就可以回到他的噩夢世界。導演史匹柏在製造先緊張後放鬆的心理變化過程上，可是個中好手。大衛・馬密也表示，精采的故事必須讓觀眾在結尾時意識到原來是自己錯了，但同時也必須讓他們明白為什麼會錯，讓他們接受它。絕對不能在結局揭曉時，讓觀眾迷失得毫無頭緒，不知其所以然。最好避免像影集《Lost檔案》（*Lost*）那樣，結局過於開放而且令人感到不安，沒有達到整部影集劇情發展的標準。好故事所給出的每個答案都會帶來新問題。以《絕命毒師》為例，從華特・懷特被告知生病以後，生命中的每一刻都成為有待解決的問題。每個問題獲得解決之時，會引發另一個難度略微升高、甚至可說是更複雜的問題，溫和地朝著故事的高峰攀升。該影集的力道，部分來自每個角色都從自己的角度經歷了攀升的過程，但始終與主角的命運習習相關。說到讓人大感意外，比利時漫畫家艾爾吉（Hergé）是此中大師。各位不妨看一下《丁丁歷險記》（*Aventures de Tintin*），每次打開跨頁的右下角最後一格，這一格總是描述某個意外事件。它們就像小型「懸念[49]」（cliffhangers），用來開啟接下去的跨頁，給予讀者翻頁的動力。這一點幾乎是敘事者的唯一目標，那就是讓他的讀者產生繼續閱讀的意願。

吹響AIDA的號角：注意力（Attention）、興趣（Interest）、欲望（Desire）、行動（Action）

AIDA是設計廣告標語的方法，幾乎和廣告本身一樣歷史悠久。我們可以從希區考克現身於《驚魂記》的廣告著手，有助於深入了解。

首先，**注意力**的觸發來自廣告標題與視覺內容。我們看到海報上的導演像個不太友好的老師，一邊指著他的手錶，一邊盯著我們。簡直就像在對我們說著廣告上的標題：「《驚魂記》一定得從片頭開始看！」吸引了我們的注意。

接下來是**興趣**：在這張海報中還有個小元素能引發我們的興趣。海報設計帶有用餐與擺盤的意味，喚起我們的好奇心，引出進一步了解的欲望。

現在讓我們為整段文字添加些許**欲望**。從「我們之所以……」直

[49] 這種類型的開放性結尾充滿懸疑，只會讓人覺得意猶未盡。

到提起英國女王，希區考克氣定神閒地表示，為了播放他的電影，多麼微小的細節都考慮到了。他還說為了確保大家遵守規則，所有的防衛機制都已設置完成，讓觀眾別無選擇只能遵守規定，再一次激起我們的好奇心。

最後的段落則留給**行動**，也就是現在常說的「行動呼籲」。希區考克特別提供放映時間場次表。如果他這個廣告出現在今天，我們應該還能點擊「訂位」連結。大家可以搜尋排名最好的網站，看看它們的廣告標語。你很快就會發現其中許多廣告詞，正是運用了AIDA的方法。

大衛．馬密說：「如果你在下筆之前，就已經知道你的主人翁會用什麼方法度過難關，我保證你的觀眾也一定猜得出來。[50]」真是切中要害的忠告，有助於我們繞過寫作會遇到的其中一個障礙。事實上很多人不敢著手創作故事，是因為不知道如何引導故事的走向。馬密建議我們從情境中獲得靈感，而不是從解決問題的心態出發。我們前面說過，寫故事不全然是無中生有，更多的是善於發現。讓自己在無意中抓住故事的進展。我們天生傾向追逐自己沒有的東西，或對有意逃避我們的東西充滿期望。在《丁丁歷險記：黑金之國》（*Tintin au pays de l'or noir*）中，杜邦與杜龐在沙漠中開著紅色吉普車，無論走到哪兒都碰到幻覺。你所尋求的故事結局，就有點像這個幻覺。高明的說故事行動，其最佳燃料就是不知道接下來會發生什麼。你可以因此創造出緊張與放鬆交替出現的節奏。

獨角獸在哪裡？

2015年，電視頻道Canal Plus播出《獨角獸》（*Les Licornes*）的廣告，這支優秀的作品在扭轉情境這部分，表現出高超的技巧。觀眾來到末日洪水降臨的15分鐘前。暴雨中，男人雙手各抓著一隻浣熊狂奔。他衝進停放在平原上的大船。進入船身之後，白鬍子長老望著

50 « David Mamet teaches dramatic writing », www.masterclass.com, 2017

其中唯一的空圍欄，問他獨角獸在哪兒，神情冷傲指使他繼續尋找。於是這位仁兄再次衝入滂沱大雨之中，其間還掉落峽谷，但最終讓他看見樹林間、兩隻潔白無瑕的獨角獸。他將牠們帶回方舟，成為眾人眼中的英雄。然而他的喜悅就和放鬆的那一口氣同樣短暫，他發現那兩隻獨角獸其實都是公的。畫面暗掉。接下來我們發現，原來這是Canal Plus的編劇，在派對上和女孩搭訕時說的故事。這個廣告帶來雙重、甚至三重的奇襲效果。首先是攝影機給獨角獸的屬性一個特寫，讓我們意識到兩隻都是公的。緊接著下一個意外，我們發現故事只是用來撩妹的說詞。最後的驚訝是我們終於知道，膽敢講述這種故事的廣告主是誰。事實上只要你的故事說得高明，大眾一定會想知道，是誰有膽作出如此不可思議的廣告。要獲得迴響，端看你說故事的技巧，是否能讓人留下深刻的記憶。

練習 ▸▸▸

吹響AIDA的號角

› 在廣告或網站上，截取一段你覺得頗為制式、冷淡，或是浮誇的文字。現在請你吹響AIDA的號角，重新改寫這段文字！務必抓住我們的注意力！勾起我們的興趣！打動我們的欲望！讓我們採取行動！

› 為你的故事設計敘述的角度。選擇一個場景，把你的鏡頭放在意想不到的地方。最常見的例子是婚禮場景，以新郎或新娘前任情人的視角來描述。請讓我們感到驚訝吧！

› 觀察一下平面設計，例如設計師米哈爾・巴托里（Michal Batory）的作品。仔細檢視他在每件作品中，如何採用特殊的觀點來令人感到意外。看看他如何轉變我們的日常用品，讓它們呈現出充滿詩意、衝擊感強烈的圖像。你也來個同樣的嘗試：利用一把叉子、一瓶礦泉水或一件毛衣，著手設計你的下一個作品。

大師開講

克里斯多福・布蘭（Christophe Blain）

「光有想法成不了故事」

漫畫家克里斯多福・布蘭的創作生涯始於《水兵日誌》（*Carnet d'un matelot*），隨後他出版了《減速器》（*Le Réducteur de vitesse*），並根據周安・史法（Joann Sfar）和路易斯・通代（Lewis Trondheim）的劇本，為《魔堡-拂曉時分》（*Donjon Potron-Minet*）系列擔任漫畫主筆。此外他也創作了好幾個系列，如《海盜畫家以薩》（*Isaac le pirate*）、《牛仔古斯》（*Gus*）和《外交部》（*Quai d'Orsay*），這部漫畫後來由貝特杭・塔維涅（Bertrand Tavernier）改編拍成電影，另創作精采的《與巴薩一起下廚》（*En cuisine avec Alain Passard*）。布蘭曾經兩次在安古蘭國際漫畫節獲得最佳作品獎，分別是2002年《海盜畫家以薩》系列第一本《美洲》（*Les Amériques*），與2013年《外交部》系列第二本《外交記事》（*Chroniques diplomatiques*）。

››› 美國漫畫家史考特．麥克勞德（Scott McCloud）說，漫畫的所有技藝存在於兩個格子之間的空間中。那麼對你來說，漫畫在敘述故事的方式上，有什麼獨特之處？

漫畫的所有議題通常與電影或視聽藝術很類似。如何在一連串的格子之中，用圖像將流逝的時間表現出來？弔詭的是，它涉及某種本來應該非常複雜、但同時又非常直觀的事。這就是為什麼，我認為漫畫這項技藝是無法教授的。我們可以藉由拜師學藝來畫得更好或寫得更好，但學不到如何用漫畫敘事。只能透過實際去畫來學到東西。當然，我們可以找到一些明確的規則、慣用的做法，但這些規則與做法，都在等著被我們打破、重新創造。無論如何，所有的表現方式都因故事而異。就好像每一次都是從零開始。不是因為你曾經成功完成一本漫畫，你就擁有了完成下一本的絕竅。漫畫創作具有某種瘋狂的形式。呈現一個故事，不過就是表現出屬於個人內心的小世界。好故事的祕訣，在於作者傾聽自己內心對話的能力。對話本身充滿神祕感，而這正是它令人興奮的地方。因為連我們自己都非常想解開這個神祕的謎團。當你發現自己陷入困境時，正是因為你中斷了與自己對話的思想脈絡。你對自己的故事失去了興趣。它不再讓你感到驚訝，於是你開始寫出空洞的情節、毫無驚奇之處，也絕對不會讓你的讀者有出乎意料的感覺。其實就算你的故事不是自己的生平事蹟，它也始終與你的個人經歷連結在一起。

››› 你是否有個既定的做法，還是每個故事都有它專屬的程序？

與其說是做法，我想應該算是一種心態。我們的專業知識，在很大程度上取決於我們對自己的產出品質，進行即時評價的能力。這就是為什麼我們必須接受，在整個作品的開發期間，有時會創造出質量較低的東西。這是過程的一部分，也是我們必定要經歷的部分。我之所以會把自己創作的故事先讓親友過目，是因為我在著手創作之後，很快就會需要他人的意見。我會做出分鏡腳本，也就是我的草稿，越清楚越好，主要是讓每個人都能看得懂。我還發現，往往是那些在混亂之中寫成的故事，會產生最有趣的敘述表現。大家以為曲折的故事必定出自非常沉穩的作者，方方面面計畫妥當，下筆時冷靜從容，但實際情況常常正好相反。創作其實類似駕馭自我的過程。這匹馬有時很狂野，有時根本已經神經衰弱。

我也會嘗試與讀者建立默契。必須要相信他們的理解能力。要知道我們這些故事通常不太可能發生，需要製造一些戲法既讓它說得過去，又能在敘述時做出一定成分的省略。當我們在虛構某個世界時，困難點在於控制自己必須解釋一切的想法。應該留給讀者想像的空間。是他們在不知不覺中完成了我們的故事。作者絕對不是無所不知的。就拿故事中的角色來說吧，我們只有在寫作的過程中，才能發現他們的真實面目。你以為自己一開始就認識他們，但其實他們是隨著敘事的開展而逐漸顯露自我。基本上，要想畫漫畫，就必須學會相信自己的直覺、想法，相信整個創作的過程本身。這些只能靠實踐來學習。它既讓人痛苦萬分，同時又令人無比興奮。

›››你的作品中有不少傳奇故事（《海盜畫家以薩》、《牛仔古斯》）。當你動筆的時候，對於故事的走向可有什麼特定想法，還是你完全讓敘述本身帶著你走？

其實是這樣的，我的這些故事每次都來自一連串念念不忘的心思。我能把它們擱在心裡好幾年，有時甚至超過15年。有些念頭會再次出現，於是我又重新有了動力，而且發現它們隨著時間的推移變得更豐富了。關於以薩這個系列的誕生，可以說是放棄了幾個企畫案、錯過幾次機會後的產物。我最初想把這個角色的故事寫成結構嚴謹的兩本書，每本100頁左右。故事應該從以薩離開到回家為止，完整結束。可是結果沒有像我想的那樣，原因出在當時的出版社。他們那時正在開發《領航魚》（Poisson pilote）叢書系列，採用傳統的24x32公分大開本漫畫書，每本不到50頁。他們對我的案子感興趣，所以我重新規畫我的故事。結果它被收進系列，有點算是意外，它和我一起經歷了一段改變的過程。

至於古斯，也是偶然造成的，但這一次應該說我事先料到了。我一直很想寫西部牛仔的題材。當時，尚・吉侯（Jean Giraud）徵詢我的意見，要我在《領航員》（*Pilote*）雜誌的《藍莓上尉》（*Blueberry*）連載系列，發表一集故事。最後沒成。我也和一、兩個漫畫編劇談過，很想和他們一起合作西部的故事。可是他們的意願不像我那麼強烈。種種事件導致我決定動手做個自己的東西。正好我為《領航員》畫了個短篇故事，主角是個狂熱又好色的牛仔。結果我發現自己很喜歡這個人物，於是就繼續畫下去。每個故事都很短，但彼此之間互有關聯。它是有故事主線的。雖然我在創作的當時，不見得知道故事的下一刻會發生什麼，但我很清楚最後的情節。我有一條鐵律，就是一定要盡力編造出沒有人想得到的結局。我會設法讓讀者永遠想像不到接下來會發生什麼。說故事的技巧有兩個基本要點，驚奇與節奏。想讓讀者感到驚奇，首先你必須讓自己對接下來的事感到驚奇。至於節奏，我從老一輩的歌星那兒獲得很多靈感，例如巴桑斯（Georges Brassens）、布雷爾（Jacques Brel）、芭芭拉（Barbara）或阿茲納弗（Charles Aznavour）……我分析他們是怎樣只用幾個字就能做出一段敘述。就拿巴桑斯《打屁股》（*La Fessée*）這首歌來說，歌詞設置場景的方式以及引導故事的手法，讓它簡直就像短篇小說或短片。你的敘述內容必須一直處於動態。所有細節都在推動敘述前進，當然只是小碎步，但仍然要持續向前推進。沒有什麼是不用付出代價的，哪怕是簡短的對話，都能為故事派上用場。對我來說，敘述本身也是非常動態的行為。我在畫圖的時候會自帶音效，像是騎兵衝鋒時的號角聲。我發現自己跟小時候一模一樣，畫著我的牛仔和印第安人。你看，漫畫中不存在沉思的時刻，全部都建立在行動上，而且還要加上不能將故事表面化的困難。我們拿電影場景為例，有個全副武裝的人用力踹門、進入了房間，此時觀眾會嚇一跳。可是如果你在漫畫中畫出相同的場景，或是在小說裡描述這一刻，觀眾並不會被嚇到。你能做的就只有模擬動作，而且最重要的是營造氣氛，烘托出故事中的行動。

››› 如果要你給打算畫漫畫的人最後一項建議，會是什麼？

必須優先致力於作畫形式。一切都來自於形式。我會對腦袋裡的想法抱持懷疑的態度。想法不能產生故事，反而是故事引出想法。形式指的當然是圖畫，但也是節奏，是你編排所有內容的方式。不用擔心背景，之後它自然會出現。無論如何，你必須記得在整個敘述內容中，你自己並不知道最重要的訊息是什麼。對我來說，那些會讓你產生疑問的故事才是最精采的故事，但不是隨便哪種疑問，而是關於你自身的疑問。

總之，你可以跟隨這個程序，同時為自己的做法建立一些簡單而明確的規則。在創作過程中，「想不出要說什麼」、「我說的這些真沒意思」，這樣的念頭會一直想要衝出來。很正常。必須要有進行自我對話的狀況，而且不能尋求自滿。有時也需要做到一定程度的放手，不要表達得太過、一直想要給出更多的東西。追求建立某種風格是沒有用的。你的風格源於你的習性和你自己的極限。我們永遠不知道自己的極限在哪兒，但它通常比我們一開始所想的要遠得多……

11_
具體的故事

高明的敘述，應該會使你的聽眾產生莫大的共鳴。

當演員開始動筆

羅斯汀・柯爾是個複雜的人物。這個設定出自尼克・皮佐拉托（Nic Pizzolatto），他是影集《無間警探》（*True Detective*）的「劇集主創」。該影集描述一個棘手的案子。馬修・麥康納飾演「羅斯」・科爾，他的同事馬汀・哈特由伍迪・哈里遜飾演，兩人的任務是揭穿暴虐殺手「黃袍王」的真面目。此人第一次犯罪發生在1995年，第二次犯罪則是在2012年。在這17年間，羅斯經歷偌大的轉變。他從潛入販毒機車黨的臥底警察，成為分析能力強、頭腦清醒的警探，但最後淪為酗酒的酒吧服務員。麥康納在準備角色時，決定將主角的不同狀態，區分為四個迥異的階段，利用它們來呈現出角色在每個時期的心態、職場的投入狀態、他所相信的事，以及藥物上癮程度。他的探索之深入，甚至還寫出450頁的角色探討。在這本絕對稱得上是著作的手記中，這位演員試圖理解角色的深度，以及角色的糾結心理。他希望做到盡量精確和仔細，讓自己的詮釋具有可信度。最重要的是，他力求讓自己的演技和影集表現出精確翔實的一面。

使用價值

故事必須具體才能收到效果。故事說得很成功，指的從來都不是說故事的人，而是聽故事的人。對於我們同類中那些最慷慨大方的人，在此並沒有冒犯之意，但是我們的爬蟲腦，只對和自身直接相關的事感興趣。所以必須優先處理能夠接觸到你的受眾的材料。你的故事越精確翔實，就越容易被記住。說故事是展示，而不是解釋。我們在大西洋彼岸的朋友就說過，必須做到「秀出來，不要說」（Show, don't tell。見弗洛杭絲・馬丹-凱斯勒（Florence Martin-Kessler）的訪談，140頁）。我們必須盡可能以具體的方式，體現並表明我們與閱聽人分享相同的經歷。正如詹姆斯・喬伊斯所言：「私密中潛伏著普遍性。」不過作家喬伊斯・歐茨（Joyce Oates）也表示：「在理想的情況下，寫作是一己的私密觀點與公眾世界之間的平衡狀態[51]」。高明的故事，能把串聯我們所有人的無形紐帶顯示出來。因此，寫作的要訣之一是盡量具體。這個意思不是要讓閱聽人被大量的細節所淹沒，而是同樣的這些細節，必須經過一點一滴的潤飾，要讓鏡頭、目光或筆尖，在受眾感興趣的事情上停留更長的時間，而且絕對要避免採用過時的隱喻和抽象的處理方法。具體化意味著我們必須特別著重故事的使用價值。作家羅伯・格林（Robert Greene）就說過，一本書的成功可以取決於兩件事：要不就是非常有娛樂性，要不就是非常實用。所以我們必須不斷自問：這段敘述為我們的受眾帶來什麼？它能讓閱聽人獲得什麼具體而直接的價值？

鞋帶

還有什麼會比設計本身更具體？我們之前以LU這個品牌的餅乾為例提過這一點。蘋果品牌的產品包裝更進一步，它們的設計充滿心機，在關鍵的位置留下提示，以便恰到好處地拉開卡扣。塑膠和紙板的氣味，以及我們接觸材質所發出的聲響，聚集了所有的注意力。光是包裝本身就足以構成我們的品牌體驗，其中當然也包括品牌述說的故事。另一個例子來自廷克・哈特菲爾德（Tinker Hatfield），他是Nike最重要的設計師之一。曾是撐桿跳高運動員的他，設計了著名的飛人喬丹（Air Jordan）籃球鞋。Air Max氣墊鞋也是出自他的手筆。

51 Joyce Carol Oates, *La foi d'un écrivain*, Philippe Rey, 2004.

從概念的形成到實現，哈特菲爾德在設計的每個階段，都會使用說故事的技巧。因此，喬丹鞋其中一個款式的表面有許多小圖案，這些圖案代表了天才籃球員職業生涯中的重要事蹟。1988年，勞勃·辛密克斯在拍攝《回到未來第二集》時，希望哈特菲爾德構思一款未來、也就是2015年的籃球鞋。這個要求成就了該片的精采片段之一，馬蒂·麥佛萊穿上灰色Nike，發現它會自動繫鞋帶。幾十年後，哈特菲爾德決定把這個概念付諸實踐。他想趁著電影中這個著名場景出現日期的同一天發表這款球鞋。不過同時，他也希望能滿足球員非常具體的需求。籃球員的腳在職業生涯中承受著極大的壓力。他們會把鞋帶繫得很緊，以避免腳踝扭傷或腳趾受傷。然而，籃球比賽經常因為暫停而中斷。球員從來不會參與整場比賽，除了中場休息的時間外，他們常常會回到替補區休息。哈特菲爾德知道球員在這些時刻，可以放鬆鞋帶，有助血液流動。因此，自動鞋帶可以在最短的時間內隨意放鬆或拉緊。為了設計運動鞋的外形，哈特菲爾德喜歡在速寫本上盡力揮灑他的想像力。他自由組合各種元素，即使一開始看來毫無關聯也不在乎。正是在設計這款球鞋時，他發現自己不知為何，開始畫起外太空以及瓦力（Wall-E），它是出自皮克斯工作室同名電影的小機器人。然後他想出了這款鞋的名稱：EARL，反應式電動調整綁帶（Electro Adaptive Reactive Lacing）系統，就像瓦力體內設定好的程式一樣。設計的源頭來自《回到未來》的故事，設計的概念滿足保護球員雙腳的具體需求，同時還敘述了從構思到啟動的故事——《瓦力》。

◘ 重拾光榮感

2009年危機之後，美國密歇根州的底特律市陷入困境。該市由法國人德拉莫特-凱迪拉克（Antoine de Lamothe-Cadillac）建立於1701年，1900至30年間，汽車工業蓬勃發展，底特律也經歷巨大的經濟成長。正是從這個時期開始，它獲得「汽車城」的外號。然而，2000年代初期，位於此地的三家美國製造商，通用汽車、福特和克萊斯勒，受到近似毀滅性的衝擊。2011年，克萊斯勒延請威頓+甘迺迪（Wieden+Kennedy）廣告公司進行品牌宣傳。當時克萊斯勒已不再是眾人心目中的夢幻汽車，連美國人自己也不這麼想。總部位於波特蘭的這家公司，邀請汽車城的神童之一、饒舌歌手阿姆拍攝廣告。不過整支廣告的重心主要是城市本身和市民，試圖挑起他們失去的自豪感。後來又連續推出幾支廣告，其中包括眾所周知的《美國中場時間》（*Half time in America*），在2012年2月美式足球超級盃決賽的中場休息時播出。觀眾發現自己位在體育場的廊道，從背景的角落，看得出是美式足球的比賽場地。有個清晰的身影出現在漆黑廊道的開口亮光處。這個人開始說話。他的聲音很有特色，沙啞、內斂，我們立刻就認出來了，是演員暨導演克林・伊斯威特。他從眼前的情況開始，為故事設定場景，首先說到球員更衣室，兩支球隊正在討論可以贏得比賽的方式。接下來他的演說內容拉起了高度，談到美國和造成衝擊的危機。伴隨他說話的聲音，鏡頭轉為近距離的底特律市容。影片的視線離開了球場，來到汽車裝配線的工廠，敘述的內容中還沒有出現任何品牌。談論的一直是這座城市，以及它的外號「汽車城」。然後是新的特寫鏡頭，說到家庭、孩子和底特律的居民社群。伊斯威特將他們比作一支準備贏得比賽的隊伍，藉此喚出美國的建國神話。文稿流露出鮮明的「邊界」概念，以及強烈的、發自內心深處的意志力，渴望發現並投入、跨越危機之後的局面。他談到工作帶來的提升，以及身為美國人的感受。他指出為了推動群體的進步，個體發展必不可少。最後是廣告的標語：「進口自底特律」，它和「美國製造」表達出相同、甚至更多的力量，影片將觀眾、也將克萊斯勒的品牌，投入愛國的情懷中。廣告靈感直接來自「精神喊話」，這些激勵人心的演說經常出現在電影中，主角發現自己處於十分危急的狀況，而且似乎失去了所有的希望。這類演說常常以毫不掩飾的方式，訴諸閱聽人的自豪心理、歸屬感，或是他們的出身。

展現同理心

當然，你必須開始考慮觀眾的感受。可是如果你從事傳播業，你也需要考慮客戶的立場。想想他要的是什麼。你說故事的目的是滿足他的期望，但還可以做出超越預期的表現。請記住，為了使故事收到效果，你必須讓你的合作客戶的內部人員感到驚喜。他的目標之一通常是在公司發光發亮。成功的廣告能讓他建立自己的信譽，證明

把你的受眾放入故事中

[illegible]

- 為什麼他們會覺得這個故事有價值？
- 什麼內容會與他們直接相關？
- 他們為什麼要關注它？
- [illegible]

他的專業能力。你的工作做得越好，客戶收益就越有成效，你與這位客戶建立牢固持久的工作機會就越大。就我們上面提出的問題所給的答案，非常接近新聞從業人員所謂的「5W[57]」。它們可以讓你找到開始說故事的著手點：人物是「誰」；「什麼」情節；場景、背景在「哪裡」；「為什麼」出現某種動機、某個願望、某種因果關係；「如何」把所有這些組織成可信的敘述。

57 5W：Who? What? Where? When? Why?——這種提問方法能讓記者在不遺漏任何訊息的情況下，建構他們的文章。

練習 ▸▸▸

腳踏實地

› 回想一下你曾經熱愛過的地方。可能是一家商店、祖父母的客廳或鄉間小屋的閣樓。盡可能準確而具體地描述每個角落。

› 訓練自己盡量如實寫出、當你的用戶第一次進到你的商店或網站時，他的想法。試著真的把自己放在他的位置，老實描述他的感受、想法，以及他的需求。

12_

深信不疑

這是有關你和受眾之間的閱讀契約，
故事中的每個元素都為契約作擔保。

有個朋友向我們述說這件事：「我記得小時候有天晚上，爸媽准許我們看電視上法國導演賈克．德米（Jacques Demy）的《驢皮公主》。我到現在還記得電影剛開始時，布景、鏡頭效果、服裝和片中的人物，全都讓我既高興又興奮。感覺就是騎士和魔法的電影。可是後來它卻讓我深深覺得自己遭到背叛，於是《驢皮公主》成為少數我真心討厭的電影。我對它的失望出於兩點。首先就是主角竟然一開口就唱歌，而事先竟然沒有人告訴我。第二點，應該也是最重要的一點，就是影片到了最後，大結局的那一刻。沒錯，國王和仙女都穿著白色服裝，來到公主和王子的婚禮，但問題是他們既沒有坐馬車，也沒有騎馬，而是搭直升機降落在城堡的庭院。所以在我看來，這個故事一點也不可信。」

◘ 現實原則

當說故事的人用起「從前從前……」的時候，他和聽眾之間就有了契約。美國作家菲利普・羅斯（Philip Roth）說：「虛構與事實的唯一區別在於，虛構務必寫實。」每個故事有自己的現實面。無論你是把攝影機放在一隊臥底警察之中，還是你決定讓具有語言天分的汽車成為故事的主人翁，這都不是問題。可信度建立在你設定的世界基礎上。因此故事有它所屬世界的現實，同時也有自己專屬的事實。所以說故事不盡然是虛構，更像是在發掘。因此故事的第一個部分很重要，我們會在第17章詳細介紹。「如果覺得第三幕不太妥當，那麼應該是第一幕就有問題」，偉大的導演比利・懷德如是說。歌手保羅・賽門在開始創作歌曲時，會用他慣用的具體手法為作品設定背景，可以讓他拉出敘述的主線。陳述一個簡單的事實，有助於建立故事的可信度。這就回到修辭的基礎。所以《論修辭、致赫雷尼烏斯》（*La Rhétorique à Herennius*）的無名氏作者才會說：「虛構的要點在於，找到真實或近似真實的說法，讓人覺得某個理由特別具有可信度。」當你琢磨如何描述的時候，想一想這句話。然而，絕對不是要讓鋪天蓋地的細節把讀者或受眾煩死。他的意思是，藉由讓閱聽人感興趣的幾個細節來注入可信度。在比例的分配上是有技巧的。不過，就和上一章的重點一樣，別忘了要盡量具體。

人物的真實性

故事之所以可信，不僅僅取決於事實或描述，還有賴主角的行為和決定。美國編劇暨導演布萊恩．麥克唐納（Brian McDonald）在著作《隱形墨水》（*Invisible Ink*）[53]，列出一些恐怖片的例子，說明觀眾看片的時候心裡很清楚，年輕的女主角沒有任何理由拿著她的小手電筒下到地窖。中斷很棒的睡衣派對，只是為了看看奇怪的噪音是從哪兒來的，就是件很沒禮貌的事。這時我們的小小爬蟲告密者會觸動警報，切斷我們與眼前敘述內容的所有溝通。無論觀眾有沒有意識到這一點，片中人物的這種行為，就像在對觀眾撒謊，而且還是立刻就被識破的謊言。相反地，如果觀眾看到女主角做出的行為，都是觀眾自己應該會有的反應，或是，雖然看到她做出觀眾自己永遠不會做的事，但完全能夠理解、除此之外她已無法可想，那就更好了，更能提高可信度。故事就能說得通。讓我們再次以《絕命毒師》的華特．懷特為例。當這位主角得知罹患癌症以後，他的每個選擇都把自己逼到

53 Brian McDonald, *Invisible ink : a practical guide to building stories that resonate*, Libertary Co., 2010.

牆角，被迫採取我們不太可能會做的行動。然而，鑑於現實的要求和性格使然，他的行為都有充分的理由。該影集中的所有其他角色也是如此，使得故事十分可信，儘管其中有許多荒謬的情景也無所謂。

選擇合適的吉祥物

品牌面臨的挑戰是說故事，而不是「瞎編」故事。它的首要任務之一，就是提供最好的產品或最好的服務，用來確保其故事的真實性。樂高積木的首要信譽來自玩具的品質。當我們打開他們的拼砌盒時，可以感受到它對每個組成元素都很用心。零件經過分類放在有編號的小袋子中。說明書的內容清晰、簡單，適合該產品年齡層的兒童。而且幾乎從未出現過缺少零件的狀況。所有這些零件都製作精良，沒有任何瑕疵，彼此能夠完美地拼接。具體而言，這是品牌對我們說故事的第一個可信度。如果從修辭上來看，涉及的就是人格這部分，那是說話者設定的自我形象。他的每個行動，無論舉止或裝扮方式，都有助於建立可信度。所以牙膏和洗滌用品的品牌認為，讓他們的廣告演員穿上醫師袍可以實現這個目標。同樣的想法也用在如何為香水選出代言的演員。這類產品重要的價值主張之一，就是增加使用者的魅力。試問，有誰能比文森・卡索、莎莉・賽隆或珍妮佛・勞倫斯，更能保證這種吸引力？所以選擇合適的代言人也可以確立品牌定位。雀巢咖啡就和喬治・克隆尼的形象，完全結合在一起，由他認證了咖啡品牌的高級地位，合理化該產品價格高於市場行情。

人物性格還可以體現品牌的精神，表達出品牌文化。我們之前說過，Nike會選擇脾氣有點壞、不受控制，而且相當個人主義的運動員。這一點就將它與競爭對手愛迪達作出區別，愛迪達更偏好具有融入團隊氣息的運動員。飲料品牌Oasis也因為吉祥物，完美展現說故事的技巧。自2000年代初以來，該品牌一直在述說一群快樂動畫水果的冒險故事。在Marcel廣告公司的操作下，該品牌成功利用社群網路的所有潛力，來展開說故事的行動。連貫性與規律性，使得Oasis的故事表現出可信度，並且創建出名副其實的品牌領域，它的專屬世界，為品牌提升好感度，感覺上更正宗、更貼近大眾。它的故事可信度，還在於角色群帶來的特殊口吻。Oasis的品牌傳播，無論是對話或標語，全都是從文字遊戲出發，諸如「la fruivolution」（水果革命）、「Infruichissables！」（大力水果守門員）、「ton compote」（知心水果泥）……

客服領域的佼佼者

第一直通銀行與其他銀行不太一樣，它把自己定位成「讓人意想不到的銀行[54]」。這可不是用來充門面的口號。當它的客戶被問及客

54 « the unexpected bank ».

戶服務的品質時，他們表示第一直通與蘋果、亞馬遜或鞋類和服裝零售商薩波斯（Zappos）等品牌屬於同一級別，它更是英國消費者偏愛的品牌之一。從一開始，第一直通的品牌理念就是，銀行必須順應客戶的需求，而不是員工的需求。長期以來，傳統的機關行號櫃檯，早上都很晚才對外開放，中午12點到2點休息，而且關門的時間也比較早。而第一直通就名副其實，是講究直接溝通的銀行。客戶服務每週七天、每天24小時開放，而且工作人員是真人，不是語音服務系統。第一直通在定位上還做了進一步的發揮，首先是視覺識別。它選擇的代表色是黑色，所有圖像都以黑白為主。它使用筆畫偏粗的Helvetica字體，這是一種非常流行的招牌字體，簡單到稱得上原始，但同時也帶有都會氣息。此外該銀行使用的措辭和語氣，也使它顯得與眾不同。有些英國品牌就是知道如何做出好的表達方式，它也一樣。它和Prêt à manger（即時」）連鎖咖啡店、Innocent（「天真」）果汁等品牌，具有相同的趣味類型。語氣中流露出共謀的默契，略帶幽默，而且還非常接近我們日常說話的用語。他們的廣告非常另類，永遠是黑白片，並搭配電子音樂的節奏[55]，經常以言語粗魯的動物為主角，而且是不常出現在螢幕上的野獸：傘蜥、鴨嘴獸⋯⋯第一直通有時會甘脆把真正的客戶搬上舞台，讓他們在廣告中做見證，宣傳銀行的工

55 譯註：也有彩色片，與其他種類的配樂。

作效率，但仍然是黑白片，仍然使用別具一格的口吻，手法真實而不做作。所有這些元素都和一直以來的銀行章程截然不同，傳統的宣傳方式認為銀行應該讓人感到安心，讓人相信銀行具有人性與誠信。第一直通還有一個成功的原因，就是不做作，他們的故事沒有辜負我們的信任。它結合了成就好故事的許多優點：簡單、令人意想不到、具體，所以具有可信度。現在，我們還剩下最後一個特性需要檢視，要想把它找出來絕對不容易。

練習 ▸▸▸

提高故事的可信度

→ 輕鬆一下，找出最能代表你服務公司的吉祥物！可以選擇演員，無論男女，或是頂尖運動員，甚至動畫人物。

→ 從你們的網站上選出一段文字。數數看其中包含了多少業界的專門用語。重寫這段文字，絕對不要使用大多數人都看不懂的術語。

→ 在製作視覺插圖時，要多注意可以提高構圖可信度的細節。往往只需要幾筆修改，像是門把的位置不對、兩條軌道之間的距離太遠、陰影的位置與光源不符……

13_

動人心弦

說故事最有力的技巧在於觸動人心，將情感傳遞給受眾。這方面要求細膩與敏感。

◘ 喜悅

那個週末，導演暨動畫師皮特・達克特（Pete Docter）知道自己處於職業生涯的轉捩點。幾個小時前，他和老闆約翰・拉薩特（John Lasseter）的交談，讓他提不起勁來。老闆這個人，雖然總是穿著五顏六色的襯衫，戴個小圓眼鏡，但不是愛開玩笑的人。到了面對事實的時候了，達克特已經接手三年半的電影企畫案，成果不盡理想。他只剩下兩天的時間，來為他手上這個故事的第三部分找出修改的方法。儘管他之前的作品，像是《怪獸電力公司》、《天外奇蹟》，成績斐然，但這次他甚至開始考慮離開皮克斯。離開工作室，就等於拋棄他的同事，他們共同經歷過非常歡樂的時刻，止不住的瘋狂笑點，工作時的默契，當然也有激烈的爭吵，心懷不滿、恐懼和極度的憤怒。「如果要我總結自己在皮克斯和同事之間的關係，我會說它混合了喜悅和無盡的悲傷。這兩種感受息息相關。想著所有這些讓我突然明白，喜悅和悲傷應該是構成《腦筋急轉彎》（*Vice-versa*）的雙重要素。當樂樂明白小女孩的大腦必須要有憂憂才能運作的那一刻起，這部電影就獲得了所有的凝聚力。於是就在我認為自己再也找不到出口的時候，我找到了。[56]」這部曾經讓皮克斯的明星導演達克特痛苦萬分的《腦筋急轉彎》，敘述一個即將進入青春期的女孩的故事。更準確地說，故事是關於這個小女孩的情感。這些情感有五種，樂樂、驚驚、怒怒、厭厭和憂憂。他們住在大腦總部，也就是女主角萊莉的腦袋裡。她發現自己開始不知所措，不光是因為年齡帶來的變化，還因為她和家人搬到別的城市。在萊莉的大腦中，所有回憶都很重要。它們在影片中根據各自連結的情感，由不同顏色的球所代表。那些最重要的回憶具有特殊的地位，被永久儲存起來。可是，有個象徵悲傷的藍色回憶球，就快要進入核心儲存區了。為此，樂樂和憂憂發生爭執，還在無意間同時被逐出了大腦總部，剩下萊莉獨自面對厭厭、驚驚和怒怒。達克特會製作這部充滿野心的電影，是他觀察自己女兒、想知道青少年的腦袋在想什麼而獲得的靈感。《腦筋急轉彎》讓我們

[56] Samuel Blumenfeld, « Pete Docter, l'âme de Pixar », *M le magasine du Monde*, 12 juin 2015.

看到，沒有悲傷，快樂也會失去意義，我們所有的情緒都是相互依附而存在。此外，這部影片還證明了，說故事的行動要獲得成效，情感會是多麼基本的要素。

在作品中注入心意

當我們欣賞偉大的故事之後，它會留給我們確實存在、而且難以抹滅的印記。你有沒有注意到，一部電影、影集或小說的氣氛、情境、人物，曾經深深進入你的思想、你的生活態度，甚至是你表達自我的方式？儘管我們各有各的特性，但那些會擾亂我們情緒的事情，都是以相同的方式作用在每個人的身上。

高明的述說技巧，運作起來就像在進行從同理心抵達同情心的旅程。作家卡繆指出，人類唯一的共通點是他們的靈魂。能夠把情感傳達出去，就是讓自己與眾人直接產生關聯，共同分享最深刻的東西。當然，這是最難做到的事情之一。不過述說技巧的關鍵就在此。早於我們好幾個世紀前，希臘人就說過，情感能以最有效的方式，執行傳達、說服和教導的行動。前面我們提過人格（ethos）的概念，它涉及敘述者的完整性和合理性。然而此處則是與情感（pathos）相關，是足以啟動閱聽人情緒的所有元素。注意力爭奪戰的關鍵，並不完全在於我們從他人身上捕捉的注意力。主要還在於述說者本身的注意力，那是我們能夠動員起來、觀察人性如何運作的注意力，也是我們奉獻給自身任務的注意力。如果其中有什麼祕訣，那就是以注意力換取注意力。想在傳播行銷的領域觸動情感就更加困難，因為大眾具有極其敏銳的批判精神，而且他們在面對公司企業、組織機構和政治人物的言論時，抱持加倍謹慎的態度，甚至充滿偏執的懷疑。因此責任可說十分重大。

▫ 聖盃／熱烈追求的目標

故事對於它的受眾而言是禮物。如果故事在述說的過程中令人著迷，那是因為它讓聽眾對述說者的能力，產生某種形式的認可。你的內涵和你的故事，屬於品牌承諾不可或缺的一部分。這是一項艱鉅的訓練，你必須表現出同理心，以及想像力與毅力。除了注入時間之外，資源也很重要。大衛・馬密說，大家聚集在壁爐前，交流每個人想說的事，出自深植於我們內心的需求。交流，事實上就是「分享」，無論我們述說的是實情，還是虛構的內容。遠古的火堆被壁爐取代，接著又來了電視機，最後則出現今天各式各樣的螢幕。我們透過說故事來編織的情感紐帶非常牢固，但是要建立這樣的連結需要時間。作為述說故事的人，我們的任務是全心投入其中，並訓練自己處理這些情感。比利時作家艾蜜莉・諾彤（Amélie Nothomb）說過：「事實就是，我對自己說故事。不是『瞎編的東西』，而是『整個來龍去脈』。我從五歲開始到12歲，對自己述說這些『來龍去脈』是我最重要的活動，它們就像讓人摸不著頭緒的史詩，充滿變化多端的人物，目的是盡量讓我產生強烈的感受。故事可能是兩個遭人遺棄的孩子，歷經一番冒險，最後成為太空人，或是邪惡的王子折磨善良的公主……[57]」

無止盡的型錄

我們如何才能引發情感的投注呢？矛盾的是，如果我們想觸動情感，那麼在行動上就絕對不能表現出來。看起來激勵人心，不是我們的目標。只有當我們對角色投入足夠的心力時，情感才會出現，我們在第18章會說到這一點。此刻我們需要以最具體和最真實的方式，來打造我們的角色，重點在於把自己當成演員，而不是作家。要做到這一點，必須把自己完全放進人物的情境，將他在現實中可能會有的表現化為文字。任何種類的情感都能發揮作用。喜悅、悲傷、恐懼、憤怒，情感的劃分無止盡。目標是以細膩、尊重和誠實的心態與方式，得出主角生命歷程的脈絡。讓我們回到Canal Plus頻道的《獨角獸》廣告，它讓我們發現自己非常貼近主角的感受。從挪亞對主角下令的那時起，我們因為看見他重返暴雨中而感到不快。當他帶著兩隻動物

57 Annick Cojean, « Amélie Nothomb : «Je suis le fruit d'une enfance heureuse et d'une adolescence saccagée» », *Le Monde*, 27 août 2017.

回來時，我們鬆了一口氣，為他感到幸運，甚至驕傲。最後我們難以置信又懊惱萬分地發現，兩隻獨角獸都是公的，但瞬間，「原來只是個故事」，我們很高興看到這樣的結尾。角色的情感與我們的情感之間，進行了完完全全的乒乓球戲。三星的鴕鳥也帶來同樣的效果。當牠透過裝置、體驗虛擬現實的那一刻，我們可以感受到牠解除了束縛；無法成功起飛的沮喪；然後是牠飛走時的喜悅和自豪。我們先被情感所吸引，然後理性才會抬頭。

超級英雄

關於觸動真情，困難之處在於迴避美好的感覺。《我們是超級人類》（*We're the super humans*）[58]正是沒有觸礁的好例子。英國電視頻道第四台（Channel 4）委託製作這支廣告，用來宣傳2016年里約帕運會的轉播。參與演出廣告的身障人士，或為運動員，或為音樂家，他們在各自的領域都獲得令人矚目的成就。許多身體健全的人，也很難完成這些優異的表現。除了運動場上的活動場景，還有日常生活的場景，讓我們看到為了完成生活中的一般事務，他們同樣做出創舉。這支廣告除了製作技藝精湛外，展現的力量正是因為沒有使用誇

[58] https://www.youtube.com/watch?v=locLkk3aYlk

張的手法，陷入負面的悲情。它不是以喚起我們的憐憫為出發點，而是讓我們欣賞這些運動員，讓我們充滿引以為傲的感受。影片成功記錄他們每一天所表現的力量和付出，同時向我們傳達他們擁抱生命的喜悅。這就是大師比利．懷德所說的：「給我真情，不要跟我說邏輯。」

這支廣告以紀錄片的方式展開，時間是10月31日，下午4點40分，不太起眼的郊區住宅。我們進入一間很普通的公寓，逆著光，看見室內有個光頭男子，他和我們假想中的攝影組說話。鏡頭停留在一些用具上，特別是立在小桌上的照片，一個頗為英俊的微笑男子，看起來不像這位屋主。夕陽西下，開始有孩子們前來造訪。今天是萬聖節。我們的主角有點擔心：「希望他們不會被我嚇跑」。他拿起一碗糖果打開門，然後我們和幾個小孩在燈光下，看見他臉上大面積的燒傷疤痕，於是我們明白，接下來發生的事情，與他日常生活的遭遇完全相反。孩子們完全不在乎他的面部缺陷，接過糖果時沒有嫌惡的表情。現在出門的時候到了。我們的主人翁披上帶有紅色襯裡的黑色斗篷，在唇角塗上假血，戴上大禮帽，跨出門檻重拾幾年來無法擁有的生活。孩子們認為他那身裝扮看起來很棒，大人們也對他微笑。由於特殊的打扮，他還獲得免費碰碰車的優待。從遊樂園出來後，他進了酒吧，像以前那樣喝酒撩妹，又變回了一個正常人。直到拂曉時分，像灰姑娘那樣，他向攝影團隊告別，準備返回自己的公寓。此時的我們感觸良深。這支影片出自李岱艾廣告公司（TBWA），委托單位是「燒傷與微笑」（Burns and Smiles），該協會以破除重大燒傷患者的孤獨為主要使命。影片的出發點很簡單，幫助這個男人克服他最大的恐懼、重新接觸人群。它的內容安排以及人們的反應，在在出乎我們的意料。故事的背景很具體，外省的小城市，可能是在法國北部。敘述的手法也十分可信，我們跟隨的不再是演員，而是真實的人物，情感的產生不需要假裝，也毫不勉強。它讓我們經歷了焦慮、輕鬆、喜悅、悲傷和留戀。總而言之，我們看了一個感人的故事。

練習 ▸▸▸

摧生情感

運用聲音來表達。上網選一篇文章，然後選個虛構的角色或演藝人員，也許是某個廣播或電視節目主持人、饒舌歌手、卡通人物，或是演員。扮演你所選的角色，想像他（她）表達情感的方式，把文章念出來。

為你的寵物寫一段文字。只有一個條件：那是你從來沒有養過的動物。看過的、沒看過的，什麼動物都可以，也許是隻小貓，或者是恐龍。你要解釋一下為什麼養這隻寵物，牠帶給你什麼，以及你付出什麼作回報[59]。

59 Sherry Ellis, *Now write ! Fiction writing exercices from today's best writers and teachers*, Tarcher Perigee, 2006.

佛洛杭絲・馬丹-凱斯勒（Florence Martin-Kessler）

「保持最恰當的距離」

佛洛杭絲・馬丹-凱斯勒是《直播雜誌》（*Live Magazine*）[60]的主編暨創辦人之一。《直播雜誌》於2014年在巴黎推出，顧名思義，是活生生的新聞刊物，但發表地點位於舞台上。記者、攝影師、插圖畫家、導演輪流上台，用幾分鐘的時間，以文字、聲音、圖像，各自述說一個故事，分享他們的感受。馬丹－凱斯勒是紀錄片導演，曾經服務於德法公共電視台（Arte）、《紐約時報》和《二十一》季刊（*XXI*）等。她也是新聞記者培訓中心和多媒體創作人協會的董事會成員。她還參與W學院（École W）的教學指導，該學院創立於2016年，旨在培養「新經濟」型態的創意產業人才。馬丹-凱斯勒畢業於巴黎政治學院，並獲得尼曼基金會（Fondation Nieman）的獎學金，在哈佛大學進修一年。她是「未來新聞獎」的評審團主席，這個獎鼓勵歐洲新聞界的新創公司；也是紀實文學獎的評審團成員。

60 http://www.livemagazine.fr

››› 你從哪個部分著手非小說類的敘述？

我靠的是自己作為紀錄片導演的經驗和知識。紀錄片和一般電影一樣，受到相同的條件限制。紀錄長片必須要能維持90分鐘的敘事張力，絕對不是件容易的事。必須要有節奏感和具有感染力的人物。我也會嘗試呈現爭議性話題，當然，我必須找到敘述時的結構和節奏。這麼說聽起來好像很簡單！從新聞工作者的角度來看，其中的難處是在新聞背景與人物之間取得平衡，前者通常具有複合性，後者則是故事的情感載體。所以要一直考慮這兩方面的問題。我從一開始進行就會注意不要走捷徑。一個好的故事，總是比它的主題來得大。我們的目標是為敘述帶入額外的靈魂，一旦作出成功的敘述，故事會因此而具有普遍性。就算它描述幾千里外發生的事，每個人還是能理解。此外，絕對不能忘記它的目的是新聞報導，也就是提供資訊。我們必須透過人物回到事件本身，然後找到合適的場景來呈現議題，並保留一些純粹用來說明的時刻，以便將訊息傳遞出去。

››› 參與《直播雜誌》的述說者講述真實的故事。這種對真實性的要求，難道不會箝制說故事的力量？

其實這正是《直播雜誌》的原則，而且也是成功的原因之一。實情有助於產生同理心，我們在聆聽別人的故事時，同理心是我們將自己投射到他人生活的能力。我每一次的目標，都是找到只能由一個人講述的獨特事件。在敘述者與他的觀眾之間沒有任何中介，這是《直播雜誌》想要體現的說故事技巧。真相不僅不會限制故事的敘述，而且可以在敘述的過程中發揮它們觸動情感的潛能，不需要動用外力。

››› 你如何精準呈現述說者的故事？

我的方法仍然相當原始。事前我會讓他們盡量說，我則是盡可能保留其中的原始素材，越多越好。這麼做可以讓每個參與者充分掌握自己的故事。然後我再來分類、切割、排出優先順序，也就是編輯的工作。我找出關鍵時刻，考慮結構和口吻——口吻非常重要。還有一條規則，它和這本書提到的內容不一樣，那就是不要帶著任何示範、證明的想法。我從來不會想要直接把訊息展示出來。訊息的傳遞自然而然就會發生，不需要強迫。如果太想做示範，反而經常會把我們的主角局限在特定的框架內。一旦停留在那裡，就會成為刻板印象。在我看來，最關鍵的部分是如何為上台說故事的人選定敘述的觀點。其實指的就是保持適當的距離。

››› 如何才能呈現出具有個人風格的說故事技巧，你能為我們提出三個建議嗎？

首先，你要講一個只有你才能掌握的故事。第二個建議是「秀出來，不要說」。以場景和細節來表現，而不是闡述。觀眾必須透過動作、感受、想法等，全面地體驗你的故事。不要說什麼：「俠客・歐尼爾很高」，而是告訴我們「俠客・歐尼爾進出房門都得彎腰」。

我的最後一項建議是，述說者不要直接談論自己，像是提到自己的經歷，強調自己的熟悉度，或讓你印象深刻的人。如果能做到這一點，故事一定會更有力。避免開口閉口就是「我……」。

IV

剖析故事

ANATOMIE D'UNE HISTOIRE

在這個單元，我們會實際談論說故事的技巧。

構思故事的時候，雖然不存在明確的方法，

但仍然可以將以下的內容，視為提供支援的工具箱。

然後你就能根據自己的需要和直覺，進行調整和運用。

14_

無論什麼情況都堅守故事的寓意：主題

你的故事主題是敘述的基石，事關你要傳播溝通的主要訊息，並以戲劇化的方式表達。

◘ 家

「可惡！你能不能成熟一點？多替別人著想！」麥克訓斥弟弟艾略特，因為後者又說了令媽媽傷心的話。在這段失言風波後不久，艾略特遇到外星人E.T.。小男孩和外星生物建立起特殊連結。E.T.睡著時，艾略特也會進入夢鄉；外星人餓了或喝了啤酒，艾略特也會肚子餓或出現喝醉現象。隨著劇情發展，小男孩產生變化。他逐漸與周遭環境產生共鳴，等到他終於真正體會什麼叫感同身受，也是他必須與同伴分開的時刻。於是E.T.可以回家了。《隱形墨水》的作者布萊恩・麥克唐納以這個例子說明什麼是所謂的故事主題。在《E.T.外星人》中，你可以清楚知道，主題是你必須學會關注他人才能成長。

◘ 言外之意

「請記住，馬屁精找到愛聽奉承的對象，吃喝不愁。」「穩扎穩打，勝過倉促上陣。」故事的主題，類似法國詩人拉封丹（La Fontaine）筆下的寓言啟示。你的目的是讓受眾從故事中，牢牢記住它的主題。整個故事就是對主題的示範演出。它的依據是每個動作、推動情節的每個階段、這個或那個主角每一次生出的感想。在第7章，當我們談到《絕命毒師》的主人翁華特．懷特，以及他對化學的定義時，其中就包含這個概念。這部影集是製作人兼劇集主創文斯．吉利根（Vince Gilligan）撰寫的故事，講述主角如何轉變為令人害怕的鬥士。吉利根希望以整整五季的劇情，展示當我們接觸到意想不到的人物或環境，也就是誠實有智慧的教授，碰上新墨西哥州黑社會最惡劣的人物時，什麼力量有可能會促使變化出現。你的故事主題是說故事的重要成分。有些作家建議，先把整個故事寫完之後，重讀一遍，找出貫穿字裡行間的主題。接下來要全部重寫，讓故事能夠完全符合之前發現的主題。

然而我們必須提醒你，此處我們談論的是溝通與設計的方法。因此，我們必須反過來，從主題開始進行。拉封丹以道德教訓為他的寓言作結論，好萊塢編劇則是以主題展開他們的影片。我們常常在故事的開頭部分就能看到主題，例如《E.T.外星人》或《絕命毒師》。還有《當哈利碰上莎莉》也是如此，片子一開始的時候，這兩人第一次見面，共乘一輛車。哈利告訴莎莉，男女之間不存在純友誼，正是這部電影的主題。布萊恩·麥克唐納說，主題有如言外之意，是故事的骨架，也是它的深層結構。記者通常稱它為主要訊息。可是別忘了，故事不是解釋，而是演示。

1976年，兩個名字都叫史蒂夫的年輕人——沃茲尼克和賈伯斯，共同創辦蘋果公司，當時美國剛從越戰的衝突中走出來，他們尚未脫離1960年代的影響。全新的計算機工業，正在加州持續而快速地發展。兩位無憂無慮的史蒂夫具有反叛精神，他們想要賦予人們自主的能力，好面對政府和大企業。「蘋果，提供改變世界工具的官方供應商」：這是蘋果公司建立的信條，也是他們整個廣宣的基礎。你必須投入必要的時間，把述說行動的主題表現出來。那是你希望受眾從你的行動中，能夠記住的東西。你的主題越清晰，你的故事就越可能嚴密合理。

探索的技巧

那麼我們如何發現故事的骨架呢？沒錯，你必須以「摘要」的基本概念為起點，首先，說故事的人要建立第一件事：衝突。別忘了述說的對象是你的用戶、受眾。創作過程分為四個階段：探索、聯想、編輯和執行。因此首要階段是進行調查、探索。我們小時候要堆積木以前，第一件事就是把箱子裡的東西全都倒出來，然後把我們感興趣的積木集中在一起。這和「設計思考」、創造的道理，完全一樣。你必須先戴上探險家的帽子，拿起放大鏡，檢視所有你手邊用來建造述說行動的原始素材。正如賈伯斯所說：「從客戶開始，再逐步升級到技術。」賈伯斯不是從產品開始，他首先考慮的是他訴求的對象，以及對這些受眾而言，什麼才是真正重要的。關於你的主題，你也應該採用相同的方法。要找到主題，就請面對你的閱聽人，盡量以清楚的手法表達他們需要什麼，以及你可以為他們帶來什麼。還要關注服務公司或品牌的理念，它的核心業務，什麼是促使它創立的主要原因。例如，Aigle這個品牌最初是橡膠製造商。如今它仍然生產靴子，但越來越將自己定位為高檔的成衣品牌。不過，在他們講述的故事中，最原始的業務始終保有一席之地。

你可以運用幾種技巧來收集原始素材。從你想法中的核心元素著手，建立幾個關鍵詞的名單表。原則是選出特別具體的元素，它們要跟整體內容直接相關，例如用戶、服務或產品、員工，以及品牌本身。此外還需要列出比較普通的關鍵詞，它們與你的領域關係較遠，甚至完全無關。這些元素都是起點，有了這麼多扇門，你只需要推開它們就能拉動故事的主線。這個探索的階段，透過對各種想法進行聯想來運作。它不是感染力很強的過程，想法經常是在檢視時才出現。你可以按照傳統的方式列出名單，也可以寫在便利貼，或是名片大小、略硬的卡片上。你還可以為你思考的內容，用捷思法（heuristic）畫出圖表，類似於創意點子的家譜樹。這裡的原則是要讓你接下來能把所有的關鍵詞和元素進行分類，顯示出新的關聯。尋找隱喻、考慮對立面、強調挫折，也可在童年、青春期或假期的回憶中搜索。試著把你對這個主題的所有了解集中在一起，所有你認為自己知道的事情，以及所有你認為其他人對該主題的看法。

讓我們看看之前提過的三星和Canal Plus這兩個例子。鴕鳥廣告的主要訊息是，這些設備能讓你實現你和周圍的人都認為無法實現的目標。至於獨角獸廣告，就比較屬於複合型的訊息。該品牌的目標非常明確，那支廣告的設計，專門針對熱愛影集和電影世界的人，以及所有想要成為演員、導演或劇集主創的人。該廣告的主題就是：「我們知道如何說出與眾不同的故事。觀看我們的節目，你能學習如何做到這一點。

適當運用複製人物

布萊恩．麥克唐納還告訴我們，要讓故事的主題更容易展示出來，可以為故事主角設計出複製人物。複製人物是主人翁的鏡像角色（mirror character），用來表示如果他選擇某一條特定的道路，就可以成為某個特定類型的人。它的運作有點像酸鹼試紙，可以顯示出你的主題。例如《魔戒》中咕嚕的角色，或是皮克斯的電影《恐龍當家》中的小男孩小巴。

發掘主題的幾個著手點

1. 是什麼讓你的業務活動與眾不同？
2. 它的結構／基礎有什麼特別之處？
3. 你任職的公司解決了什麼難題？
4. 靈感來自何處？
5. 你的業務是如何發展起來的？
6. 什麼情節／隱喻最能充分表現你的故事？
7. 你所在的機構希望如何改變世界？

練習 ▶▶▶

拓展故事的主題

- 為你最喜歡的書、電影或影集，找出它們的主題。通常一開始沒多久，尤其是電影，主角之一就會給出提示。
- 為了打開你的思路，把玩具箱的積木全部攤在眼前，現在為你的企畫案畫出捷思圖。在圖的中央寫上要推廣的產品或活動名稱。從這個名字畫出四條分支線，分別標示：用戶、產品、合作對象、品牌。以自由聯想的方式，不要考慮太多，寫出腦海中出現的關鍵詞。範圍越廣越好，盡量重複這個練習，務必獲得最豐富、最完整的啟發圖。
- 建立元素圖表之後，繼續為這些關鍵詞找到最有份量的反義詞。開始製造衝突吧！
- 用法新社的快訊筆調，寫出你的主要訊息。它就是訊息的精髓。現在為它添加字句，提升其中的張力，讓它戲劇化。
- 無論使用文字還是圖案，都必須讓主要的訊息一目了然。你的創作目的在於闡明這個訊息。

15_

把自己想成阿嘉莎·克莉絲蒂：情節

情節的展開就像磁場一般。
故事所有的原始素材都準備好了；
現在要進行編排，成為展示的有力支助。

愛，情

一切從超市的貨架開始。幾個年輕男孩在冷凍食品區，推著購物車喧嘩笑鬧，興高采烈地把所有能夠入手的、最糟糕的食物，帶到收銀台。輸送帶上堆滿了披薩、漢堡、番茄醬和甜食。在荷爾蒙和準備狂歡的心情推動下，這四個人跟瘋了一樣。然而就在這時，其中一個停止笑鬧。他無法將目光從年輕的收銀員身上移開，一見鍾情。而她則是一邊刷條碼，一邊以戲謔的眼神看著這些商品。第二次，基本上沒什麼變化。四人黨買了一堆甜食和加工食品，但這一次，我們的羅密歐拿來一顆新鮮的生菜。漂亮的收銀員注意到他的新嘗試，報以微笑。又一次來到超市，這回是新鮮蔬果——不得不提一下色彩豔麗的貨架，鋪貨的員工應該是位藝術家。食材按顏色排列，看起來一個比一個新鮮。我們的主角獨自一人回到這裡。面對哈密瓜、面對魚貨，只能說他看起來謹慎有加。他觀察其他顧客，模仿他們的做法。輸送帶上開始出現新鮮的農產品，仍然對著他心儀的收銀員。主人翁從超市進入廚房，只剩下最後一步。現在他試著動手料理自己的採購品，少不了有些困難。儘管焗烤焦了，甜菜硬得像不銹鋼，但他堅持了下來。我們的主人翁不僅仔細觀察還閱讀食譜，手藝進步到足以讓朋友們忘了燒烤醬的味道，令人刮目相看。再一次結帳，藏青色的橡膠輸送帶上已經沒有任何垃圾食品。收銀員被征服了，但她眼神中的一抹陰影，似乎預示著什麼壞消息。也就是幾秒鐘後，小夥子又來到超市，他用目光迅速掃視一下，發現心上人已經不在了。他走出超市，悶悶不樂。此時，陪在一旁的友人突然拍了拍他，讓他一掃陰霾。他的意中人就在前方坐著等他。那是讓他展現真實自我並逐漸成長的人。他們兩個騎著摩托車，有點像居內（Jean-Pierre Jeunet）導演的《艾蜜莉的異想世界》結尾，艾蜜莉和尼諾騎著電單車離開。只有一點不同，他們抱著漂亮的再生紙袋，裡面裝滿綠色蔬菜。廣告來到最後：「我們是生產者也是零售商，幫助你每天吃得更健康。」

充滿生命力的有機體

這個三分鐘的廣告，以Interarché超市為讚美的對象，在2017年某個星期六晚上的黃金時段完整播出。廣告完美展現零售商如何運用品牌宣傳進行變身（見第159頁），除此之外，它還有助於理解，說故事的時候情節如何發揮作用。它以衝突為一切的起點，至於我們可以使用多少數量的情節來構建故事，那就見仁見智了。對亞里斯多德來說只有兩種：以力量為基礎的情節和以思想為基礎的情節。莎士比亞的悲劇情節，就是以身體與身體的驟然消失為重心。英式喜劇則屬於第二類，頭腦占了上風。天平的另一端是作家吉卜林（Rudyard Kipling），他清點出69種不同的情節。義大利作家暨劇作家卡洛．戈齊（Carlo Gozzi）認為有36種。美國作家羅納德．托比亞斯（Ronald B. Tobias）整理出20種，他的同行克里斯多福．布克（Christopher Booker）則是歸納出七種。數量並不重要。我們應該記住的是，情節本身並不是物件，而是一段有機、動態的過程。猶如某種電磁系統，將故事的所有元素結合在一起。它是指導行動的指南。說故事的原理就像猜謎。以兩個不同的提問為前題：「是什麼？」和「為什麼？」。解決這個謎題，就能回答下一個問題「是誰？」。你的情節就是層層緊扣的因果鏈，由你的主角將它們串連起來。要讓故事發揮作用，情節至關重要。因此在落實的同時，說故事的人應該專注於開發兩個主要脈絡：情節和人物。這一點我們稍後還會談到。

現在來看看王室夫婦的例子。讓我們從托比亞斯的這句話開始[61]：「國王死了，王后也死了。」我們可以用它來打造故事，但其中只有事實，簡單的敘述。如果我們將第一件事「國王的死」，與第二件事「王后的死」聯繫起來，使第二件事成為前一件事的結果，我們就獲得了一個情節。「國王死了，王后也悲痛而逝」。你甚至可以添加一絲懸念：「國王死了，不久之後王后也隨他而去，沒人知道為什麼。」這時已不再是單純的兩件事，觀眾會想知道它的結局。艾爾吉、史蒂芬·金、保羅·奧斯特、史蒂芬·史匹柏，以及其他許多人都曾經這麼做，述說者的任務是讓我們想要翻開下一頁，去了結其中的玄機。利用結局的不確定性，吊足觀眾的胃口。

五種主要的情節

不要將情節與故事的類型搞混了。類型指的是你選擇用來展開敘述的設定好的世界：「英雄奇幻」，例如Canal Plus的獨角獸廣告；「科幻」，像是《星際特工瓦雷諾》（*Valérian*），或是「反烏托邦」的《飢餓遊戲》和《使女的故事》。情節在某種程度上，決定了故事場景的編排。最受歡迎的情節，主要是追擊、復仇、救援或逃亡之類，至於發生在哪個設定的世界或年代則不太重要。把說故事的技巧運用在傳播溝通上時，有五種情節處理起來會更容易、更連貫。你可以自由選擇最適合品牌使命、或最能對應重大活動訊息的情節。以

61 Ronald B. Tobias, *20 master plots : and how to build them*, Writer's Digest Books, 2011.

下列出這五種情節，雖然這麼做就跟任何分類一樣，對事物進行高度簡化，而且好故事通常需要混用或搭配多種情節。

「屠龍」：殺死威脅世界平衡的怪物。這種威脅可以是形體上的，也可以是心理上的。在使用這類情節的作品中，我們可以舉出《星際大戰》系列電影、《詹姆斯・龐德》系列電影、《傑克與魔豆》、《特修斯與牛頭怪》的傳說、《世界大戰》、《金剛》……「屠龍」是世界上最受歡迎的故事情節之一。所有位於矽谷的大品牌，都搶著表現這個情節，其中最有名的就是蘋果公司，特別是它的廣告《一九八四》。

「重生」：在這類故事中，主人翁受到魔咒的束縛，或沉溺於任何事物（權力、金錢等），不可自拔。於是他誤入歧途，而且在意識到錯誤之前，一直被幻想所蒙蔽。許多童話都利用這個情節，包括《睡美人》、《白雪公主》、《美女與野獸》，還有《冰雪奇緣》。童話以外的作品，我們可以舉出導演弗蘭克・卡普拉（Frank Capra）的《風雲人物》、丹尼・鮑伊的《127小時》、約翰・蘭迪斯（John Landis）的《來去美國》，還有金・凱瑞主演的許多電影，《沒問題先生》是其中的代表。我們也能舉出傳播界的例子，如：Droga5廣告公司，為保德信金融集團的補充退休金方案，創作的《第一天》宣傳活動[62]，講述了好幾個人退休之後的第一天。三星的鴕鳥廣告也屬於這一類。主角受到關於自身的錯誤觀念所影響，並在影片結尾時掙脫出來。

「尋寶」：描述探索與追尋的故事，和消滅怪物的故事一樣非常受歡迎。其中包括《魔戒》、《醉後大丈夫》第一集、《法櫃奇兵》、《金銀島》……廣告傳播方面，IBM讓地球更聰明的一系列廣告（「智慧地球」），就是很好的例子。此外，所有關於化妝品或食品的宣傳活動，都在邀請我們追尋恆久的青春。Évian礦泉水「活出年輕」系列宣傳活動，表現出此一類型的精髓。Canal Plus的「獨角獸」廣告，當然還有我們在本章開場時，詳細介紹過的Intermarché超市廣告，也屬於這一類型。

「遠行」：踏上旅程的內容也是必不可少。荷馬《奧德賽》、《愛麗絲夢遊仙境》、《綠野仙蹤》、《小飛俠彼得潘》、《魯賓遜漂流記》、《格列佛遊記》等。將聯邦快遞搬上銀幕，由湯姆·漢克斯主演的《浩劫重生》，是此一情節類型的最佳範例，該品牌還趁影片賣座，推出同樣風格的廣告。然而最具有代表性的品牌，就屬路易威登了。這個奢侈品牌將廣告內容的絕大部分，都建立在

62 https://droga5.com/work/day-one/

自己的品牌理念上，它的全名是「旅行箱的製造者，路易・威登」（Louis Vuitton malletier）。我們尤其會想到由攝影師安妮・萊柏維茲（Annie Leibovitz）拍攝的廣告，拍攝對象包括柯波拉父女、戈巴契夫、史恩・康納萊、安潔莉娜・裘莉等。整個路易威登說故事的技巧，都以旅行的邀約為出發點。為了延續這個故事，該品牌還推出城市指南與藝術家旅遊筆記，再現他們的旅遊體驗，使得內容策略與說的故事表現出一致性。

「從無到有」：《洛基》第一集就是最好的例子。這類故事的主人翁具有從貧困到富裕的歷程。美國人非常喜歡這類型的故事。在《超狗任務》中，完全不被看好的「人物」，是這類情節的關鍵要角。我們還可以舉出《灰姑娘》、《阿拉丁與神燈》、《塊肉餘生記》、《麻雀變鳳凰》等。像法國博彩公司這樣的品牌，當然有足夠的理由抓著這類情節不放。另外也包括前幾章提過的汽車製造商克萊斯勒的宣傳活動。

這個分類再次突顯了品牌賦予自己使命的重要性。以路易威登為例，它的使命就是回歸最初的品牌理念。掌握目標之後，就可以考慮什麼情節最適合用來表現。有一點得注意，從你選定情節的那一刻起，你和受眾之間就形成某種閱聽契約，他們會希望在你的敘述之中，找到一定數量的必要場景。

零售商說故事的新技巧

根據策略顧問尚-諾艾．卡費赫（Jean-Noël Kapferer）的說法，零售商一開始是受到條件制約的品牌。確實如此，它們一直只能以價格作為經營的論據，現在也是如此。他們應該賣得比其他商店便宜。於是他們的宣傳行為，主要是在顯示這項事實，而他們的定位，基本上是要建立針對大品牌的反敘事。因此，家樂福於1978年推出「自選產品」，要讓消費者擺脫傳統商家的「過度」看管。然而情況發生了變化，大型零售商的形象明顯惡化，主要是由於他們對供應商的定價策略，還因為新型參與者進入他們的利基市場，例如亞馬遜公司。「量販店誕生於1960年代，其構想是『全在一個屋簷下，什麼都不缺』」，波士頓顧問公司（Boston Consulting Group）數位銷售主管菲利普．諾比（Philippe Nobile）回顧這段歷史，「量販店的本意是供應廣泛的選擇，同時開發大眾市場，藉由龐大的數量提出實惠的價格。然而今天，它已成為像亞馬遜這類網路零售商的信條，它們展示比商店多十倍的貨物，同時提供量販店不再具有的產品建議與產品訊息服務，所有這些甚至都直接送上門[63]。」卡費赫因此著重指出意義的必需性，而且可以透過說故事的技巧來完成，每個小故事都能建構出品牌的大故事。「購買，是件好事，前提是買得有意義，無論多麼小的意義。這就是為什麼現在品牌的關鍵詞是『價值』和『使命』。」這位顧問特別強調品牌應該體現類似參與聖戰的理念，他們必須超越自己的產品，成為「理想的擁護者，取得商業成功以及大眾參與的支持[64]」。這也說明了為什麼Intermarché超市或Monoprix超市等品牌，會運用新的廣告手法。說故事似乎是實現此一目標的要領之一。

63 Cécile Prudhomme, « *À bout de souffle, les hypermarchés à la lutte pour leur survie* », *Le Monde économie*, 17 octobre 2017.

64 Jean-Noël Kapferer, *Réinventer les marques. La fin des marques telles que nous les connaissons*, Eyrolles, 2013.

練習 ▶▶▶

熟悉基本情節

- 試試看把故事，還有你看過的廣告進行分類。觀察一下品牌如何利用不同類型的情節。
- 看看是否能為你喜歡或不喜歡的公司機構，找到對應其理念的情節。哪個情節最符合你自己的意願？

16_
使用配方筆記：場景

情節由絕對必要的段落組成，
它們是故事的元素，可以指引你設計述說的技巧。

島嶼美食

亞歷山大的姓氏一直讓他很痛苦。不得不說，這個姓：Couillon（音譯「庫庸」，意譯「卵蛋」、「蠢貨」），任誰都很難招架，尤其他還住在一個島上——努瓦穆捷（Noirmoutier），走在路上都是熟人。他的父親是漁夫，母親是裁縫。亞歷山大六歲時，這對夫妻買下一間小咖啡館，取名「海洋」，並把它改成季節性餐廳，只在7、8月營業。媽媽負責廚房，爸爸負責外場。他們從實地工作中學習餐飲這一行。念書不是亞歷山大的強項。上課讓他覺得無聊，同學又總是拿他的名字取笑，結果他成了真正的一問三不知。他只想躲得遠遠的，騎著單車在島上探險，釣釣魚，去海邊逛逛或到舍茲森林走走。國中畢業後他有兩個選項，要不開始工作，要不就上職業高中學餐飲。他選了第二個。17歲時，他在電視上看到不列塔尼大廚米榭．弗納赫佐（Michel Fornareso）的報導，於是大膽上門求見，並毛遂自薦要求加入他的團隊。大廚讓他做個蘋果派，亞歷山大完成得一塌糊塗。令人驚訝的是，弗納赫佐竟然接受了他。少年的他開始累積經驗，熟習工作，尊重食材，就算挨罵也甘之如飴。就這樣他開了竅，決定踏入這一行。從那時起，他傾注所有精力研習廚藝。1998年，他在蓋哈（Guérard）主廚的餐廳工作，這是家擁有米其林三星殊榮的餐廳。一天他父親打電話來，希望他能接手自家餐廳。亞歷山大和太太很猶豫，他們從來都沒有想過要在努瓦穆捷開業。不過小夥子具有絕地反擊的精神，他最終改變心意，接受父親的提議，給自己七年的時間來做出成績。這對夫妻把餐廳改成全年營業。事實證明，這是非常困難的任務。亞歷山大夢想在餐廳推出高級料理，但當時他只能以傳統餐點為主。每年過了8月31日，遊客就把這個島忘了。旺季時，倒是有人在印著「Couillon」的招牌前拍照。七年的期限即將來臨，讓夫妻倆如釋重負。他們會把這邊停了，去別的地方開業。就在這時消息傳來，《米其林指南》給了他們一顆星。於是一切又繼續下去。趁著這股勁，亞歷山大想做的太多了。他在餐點中放入大量食材，混合各種滋味，有點迷失在自己的料理中。一次，年輕的實習生在準備烏賊高湯時發生失誤，把墨囊留了下來，使得高湯的顏色非常深，質地非常黏稠，但滋味濃郁。Érika油輪漏油事件的景象，在主廚的腦海一閃而過。他留下高湯，將料理放進潔白無暇的盤子端上桌。這道菜對他而言是個轉捩點，讓他重拾結合大地與大海精華的烹飪風格。亞歷山大為了精進廚藝前往日本，在名廚奧田透的指導下，學會使用「活締法」宰魚，這種頗有難度的技法可以保留魚肉的質感，並為菜餚帶來獨特的鮮味。2013年，「海洋」餐廳獲得米其林的第二顆星，第三顆應該也近在咫尺。亞歷山大已成為小島的代表人物，他讓自己的家鄉成為享用美食的目的地。「庫庸」也成了才華洋溢的同義詞。

一窺究竟

我們在上一章看到情節的概念。還說到情節就是特定的場景，故事中必須出現的段落。它們和你所選類型（科幻、犯罪、愛情或英雄奇幻等等）相關的約定內容同樣重要。我們從主廚亞歷山大·庫庸的經歷可以發現，這些必須出現的場景，完全可以和基於現實事件所作的敘事搭配在一起。在你和受眾之間有了默許的閱聽契約時，這些場景就成為契約內容的一部分。我們再重看一下之前描述過的幾種情節，以便了解它們到底怎麼回事。

「屠龍」：故事的開始總是因為察覺到邪惡的勢力。怪物越恐怖越好。在《星際大戰四部曲》中，達斯·維達不僅威脅公主，還威脅他自己陣營的成員時，我們看到他殘忍無比。此外我們還看到帝國勢力的惡行，他們不惜摧毀星球以展示死星的優越性。接下來英雄登高一呼，召喚眾人對抗惡龍，於是就進入有利於冒險的情境。路克・天行者厭倦了農民的生活，想成為和他父親安納金一樣的戰機飛行員。當他的親友慘遭帝國軍隊屠殺時，他下定決心參與這場戰鬥，投入備戰與訓練。擔負指導任務的是歐比王・肯諾比，他向年輕的路克展示原力的基本知識和光劍的使用方法。對抗的時刻到了。他們差一點贏得第一場戰鬥，讓我們的主人翁多了一點信心。第二場戰鬥敗得一塌塗地，由此證明惡龍可不是泛泛之輩。最終的決戰開始了，眼看著大勢已去的時候，我們的主人翁打了勝仗，消滅惡龍，世界重新找回平衡，眾人歡慶大功告成。

步驟提要：

- 洞察邪惡的力量
- 英雄振臂一呼，挺身迎擊
- 備戰
- 差一點獲勝的第一戰
- 第二戰失利
- 第三場終極戰鬥
- 降妖伏魔

「重生」：故事的起因完全在於我們的主角受到邪惡勢力的影響。前面提過，它可以是魔法，但也可以更偏向物質方面（榮耀、金錢、伴侶……）。起初，每件事看起來都很順利。主角似乎對發生在他身上的事感到著迷、感到幸福。這就是傑克・布萊克（Jack Black）在《情人眼裡出西施》中飾演的角色，或是《127小時》中艾倫・洛斯頓（Aron Ralston）的經歷。然後情況急轉直下，彷彿邪惡的力量即將掌控全局，直到角色設法完成他的救贖。

步驟提要：

- 主人翁受到邪惡勢力的影響
- 起初一切似乎都很順利
- 情況急劇惡化
- 邪惡勢力眼看就要獲勝
- 主人翁終於掙脫並完成救贖

「尋寶」：探索與追尋的情節和「屠龍」的例子一樣，都出於主人翁邀集各方力量，以共同達成目的。在《魔戒》電影三部曲中，甘道夫前去尋找哈比人佛羅多，主角再度位於最適合完成任務的處境。旅程隨之而來。在其後的著名場景中，我們看到主人翁的隊伍，在壯麗的自然環境裡堅定地往前行。整個旅程分成幾個階段。第一段障礙過後，第二段離探尋的目標更近一步，到了第三段，主角終於拿回——或是沒有獲得——他心心念念的目標。最後總算踏上歸程。

步驟提要：

- 邀集眾人尋寶

- 旅程
- 觸及第一次錯誤的探索
- 第二次錯誤，探尋的目標近在咫尺
- 尋獲寶物
- 攜帶或捨棄寶物，踏上歸程

「遠行」：這類情節與尋寶的內容頗為相似，一開始主人翁總是即將踏上險途，而且他有可能對此毫不知情。在勞勃・辛密克斯的《浩劫重生》中，湯姆・漢克斯扮演聯邦快遞的主管，全心投入公司業務。以致當公司派他在除夕夜出發，解決包裹運輸問題時，他完全沒有拒絕。遠行類型的第二階段，主人翁會進入新世界。在這部影片中，由於飛機失事，漢克斯在海邊醒來，一頭栽進沙灘裡。起初，主角似乎對這個新世界感到著迷。他發現自己可以利用沖上岸的快遞包裹在荒島生存。接下來主人翁面臨令人十分沮喪的階段；他開始真的很想回家。然後就成了實實在在的噩夢。由於孤獨，他逐漸陷入瘋狂，處於自我了結的邊緣。最後來到逃離、解脫和回家的階段。遠行的故事和尋寶的情節一樣，都是從家裡開始和結束。

步驟提要：

- 呈現主人翁一帆風順的狀態
- 主人翁被動投入新世界
- 著迷階段

- 沮喪階段
- 噩夢階段
- 逃脫並返回家園

「從無到有」：無論情節如何，開頭永遠一樣，當我們認識主人翁的時候，他已經生出改變自己處境的意願。業餘拳擊手洛基住在費城，替一個放高利貸的壞傢伙工作，偶爾打幾場拳賽。拳擊俱樂部老闆收回他的儲物櫃，轉給比他更有天賦的拳擊手。接下來，主人翁會獲得第一次成功的經驗，剛好能給他一些信心。這部分表現在《洛基》片中，就是俱樂部的老闆米基決定再次接受洛基，並且對他展開訓練。通常，種種困難從這個時候開始。主角會遭遇一次失敗，它所引發的危機，似乎就要壓垮他的意志。然後他發現堅持下去是唯一可行之路，於是有了片中洛基著名的訓練場景，從冷藏肉的密室，直到跑上費城美術館南面台階的頂端。最後的戰鬥來臨，主人翁的成功當之無愧。洛基的結局是他沒有贏得和阿波羅．克里德的拳賽，但他展現出頑強的精神與力量，為自己帶來聲望、財富，特別是愛情。

步驟提要：

- 介紹主人翁並揭露即將發生改變
- 第一次成功
- 失敗與危機
- 自發向上與最終測試

◘ 運用人生道路上必不可少的場景

亞歷山大·庫庸的故事，再現許多必不可少的場景。那是真正從無到有的過程。也是你的歷程，這一點不會有錯。所有這些必須經歷的道路，在我們每個人的生活記事中都可以找到。當我們想要說故事時，就需要向它們求助。由你來選擇動用必須出現的場景。當然你不必用到選定情節中的所有場景。你可以把它們視為調味品，添加到你的敘述之中，讓故事更具有感染力。

練習▸▸▸

修改經典作品

從你最喜歡的電影、小說和影集中，找出它們的必要場景。尤其看看作者如何藉由改變觀點，省略哪些部分來呈現這些場景。

在你自己的生命歷程中，找出上述場景出現的時刻。用以下切入點，寫出你的生活經歷：重要的會面、激情、偶發事件、成功、失敗、困難、前途……

寫一篇介紹親友或同事的演講稿。從讓你聯想到某個必要場景的元素開始寫起。看看他的故事最符合哪一類型的情節。

17_

真相大白：結構

所有的故事都是用同樣的方式寫出來的，
總共三幕、七個步驟，一點也不神祕；
而且你不知道的是，自己早就熟悉這一切了……

◘ 十二小節、三和弦、百萬種可能

藍調的產生，是非洲文化、奴隸勞動歌謠、宗教音樂和傳統歐洲民間音樂的巧妙結合。它幾乎是目前所有音樂類型的根源。藍調的豐富性主要來自它的結構，提供了即興創作的無限可能。藍調的運作方式與說故事的技巧一樣，以衝突為基礎。這種衝突與三個和弦結合所產生的張力有關。第一個和弦決定了樂曲的調性。第二、第三個和弦，分別對應所選調性的第四與第五個音符。這三個和弦連續出現在預先定好數量的小節中，它們的結合產生聲音的張力，完全以音樂述說故事。藍調慢慢布置它的背景，在設定的長度內失去穩定性，然後再回復整體。這種結構在嚴密與開放的程度上，足以讓每個人在運用時表現出自主性，並注入自己的詮釋與音樂性。說故事的技巧也是如此。

三幕

建構故事和說個笑話完全相同。請看以下例子：「這是冰釣老漁夫的故事。他從頭到腳穿著獸皮，帶著所有裝備來到冰上。四周一片寂靜，只有他一人，選好地點後，他就定位，拿出鋸子準備鋸開冰面。當他開始向冰面下手時，聽到身後有個大嗓門說，『冰下沒有魚！』老人嚇壞了，轉身四處看看，不見人影。他收起裝備，到幾公尺外的地方重新再試。漁夫拿起鋸子，話音又再響起，『冰下沒有魚！』這一次他是真的感到不安，伸長脖子轉來轉去地看，仍然四下無人。『是……是你嗎，天主？』他很害怕問了一聲。『不是！我是溜冰場經理！』」

你現在全懂了，藍調以三個和弦為基礎，說故事以三幕為結構。第一幕設定背景：老漁夫、裝備、冰。話音的侵入標出第一段的結束。第二幕專注於行動本身，漁夫收拾裝備，換個位置重新執行任務。當老先生開始認真擔心自己的後果時，第二幕就結束了。然後是第三幕，笑點出現。

七個步驟

現在介紹故事的基本結構，承襲自幾世紀以來說故事的技巧。它是童話故事的基礎，也是今天幾乎所有我們聽到的敘述內容的基礎。這個結構，與藍調的組成支架一樣，是那麼地理所當然，早已深植在我們這個有機體中。這個三幕式結構本身又區分為以下七個步驟：

從前……

每天……

但是有一天……

因為這件事……

因為這件事……

終於……

從此以後……

雖然這七個步驟在網路上以「皮克斯提案」的說法傳播開來，但它們的形式化，必須歸功於美國教師暨劇作家肯恩．亞當斯（Kenn Adams）。他出於教學的目的，把內容整理出來，讓學生練習即興創作。讓我們看一下這些步驟和冰釣漁夫的契合程度：

從前……有個冰釣老漁夫。

每天……他都會挑選最適合的地方去釣魚。

但是有一天……當他要鑿開冰面的時候，有個聲音響起。

因為這件事……他害怕了。

因為這件事……他移到幾公尺以外的地方。

終於……聲音再度響起，並告訴他，其實他人在溜冰場。

從此以後……他吃早餐時，不會在麥片中加入任何老酒。

「故事」透過行動與主人翁遇到的困難，描述從過去進入新境界的過渡時期。這七個步驟為我們的三幕式結構帶出節奏感，可以為我們描述的世界建立特徵，並經由衝突來讓該世界失去平衡。在展現結局和新的平衡前，波折一個接一個。這樣好像說得太簡單了。雖然亞當斯的七個步驟為我們指出方向，但它最多只是工具，是用來啟動想法的草稿。我們還需要戲劇性。說故事的行動是一路攀爬直上頂峰，隨後下降到新的平衡點。我們可以利用「敘事軸線」的曲線來說明：

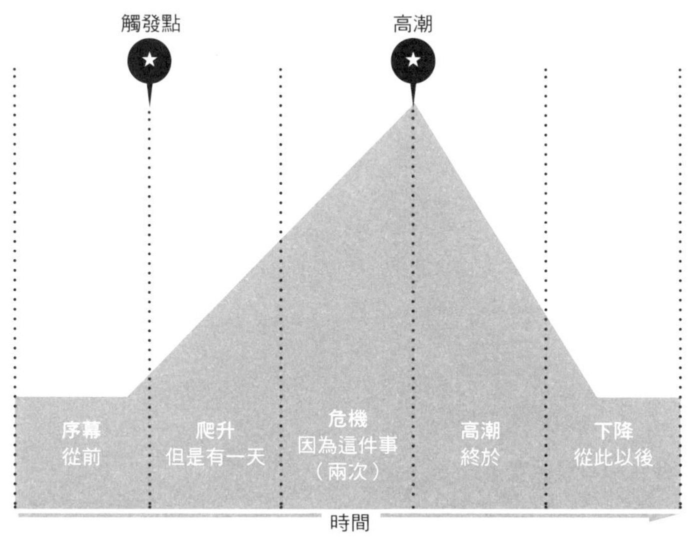

在故事的幾個關鍵時刻中有兩個要點，第一個在第一幕結尾，此處涉及觸發因子。由它來撼動你剛建立起的世界。以《絕命毒師》的華特．懷特來說，觸發點就是他知道自己得了癌症的那一刻。若是放到三星廣告的鴕鳥身上，是牠戴上虛擬實境顯示器的時候。觸發因子是一粒沙，掉進我們認為潤滑流暢的世界機制內。第一幕至關重要，如同藍調的前幾個小節，是設置場景的地方。所有大家必須知道的、關於你的世界和主人翁的事，都放在第一幕。你用它們織造出閱聽合約、敘述內容的連貫性。契訶夫說過，如果你在第一幕布置了一把槍，千萬要在第三幕用到這把槍。這一點對於說故事的人來說，通常是最複雜的任務之一。要把每個角色介紹出來又不顯得特意或迫不及待，應該不是件容易的事。

觸發因子在第一幕的末尾介入，由它來撼動主人翁的世界。下面就讓法國歌手雷諾（Renaud）向我們展示，什麼是真正的觸發因子：

「七七年的四月十四
市郊外的一個夜裡
鄉間小路空無一人
傑哈隆貝正在回家
遠方有摩托車來回呼嘯
故事場景設置完畢
為這首歌造出氣氛
讓人害怕，暗藏殺機

我愛這氛圍　你不管我不信

真實的故事即將發生

仔細看看歌曲的情節

傑哈隆貝騎得很快

夾克膨起滿滿是風

遠方的閃能傻傻睡大覺

悲劇就在轉眼之間

此刻他正轉出彎道

小摩托車跑到沒油

傑哈隆貝氣得發瘋！」

觸發因子揭開故事包含的衝突，對傑哈隆貝來說就是摩托車沒油了。它要展現主人翁的欲望，為他打開進入冒險王國的道路。它的力道更勝於「從前……」，因為是它真正標出了故事的開始，啟動了角色轉變的過程。從那一刻起，一切都變成因果關係。醫生向華特・懷特宣布了他的病情。因為這件事，他決定製毒來支付自己的治療費用，並確保親人未來的生活。於是，他找到已經當起藥頭的學生。因此才會對上新墨西哥州的黑幫。我們在第五章提過，如果沒有衝突，說故事就產生不了作用。男孩遇到女孩，男孩向女孩求婚，女孩答應了他，到此為止。另外一種可能，男孩遇到女孩，他向她求婚，女孩拒絕了他。「為什麼不答應？」他問。「因為你聞起來像洋蔥」，她說。敘事的張力就出現了。男孩會盡一切努力實現他娶女孩的願望。一旦有了觸發因子，就能開啟我們的故事，並讓它按照我們想要的時間持續下去。這就是曲線圖上的攀升。它會在高潮來臨時到達頂點。高潮是故事的另一個關鍵時刻。在這一刻，我們的主角面臨改變與否的選擇。它是敘述中的重要環節，主角有可能失去一切。接下去他就再無選擇的餘地，必須面對自己的欲望，明白自己真正需要做什麼，才能實現自己的目標。前方是他即將面對的終極挑戰，一路上還有越來越難跨越的障礙。一旦高潮結束，主人翁也蛻變了。來到故事的尾聲，他是唯一改變的人。至於他的對手，要不遭到殲滅，要不遇到癱瘓但懷著強烈的復仇心理，還有可能成功逃脫並一心找尋故技重施的方法。世界再度歸於平衡，直到下一個觸發因子出現。

在企畫案中運用這個結構

我們可以稍微談一談為什麼會寫這本書，並順便用這段介紹來表現故事的結構如何運作。一直以來，我們早就想要描述的世界，採取由上而下的傳播方式（從前）。訊息傳送者對多個接收者單方向發送訊息。品牌和機構僅僅是在盡量長的一段時間內、以盡量頻繁的方式、向盡量多的人傳送他們的訊息，沒有人挑剔這種做法（每天）。只不過，數位海嘯出現了。（因為這件事）公眾有了力量。時間超越了空間。用戶根據需求使用媒體，並自行決定何時希望收到訊息。

丁丁是反例

故事，敘述的是轉變和學習，不像神話主要是基於行動。在現代故事中，主人翁不斷進化，絕對不會在故事的開頭和結尾保持不變。這種變化的完美反例是艾爾吉的丁丁，丁丁在比利時漫畫家的作品中，從頭到尾沒有絲毫差別，種種冒險似乎只有拂過他頭上那撮頭髮，並沒有為他的性格或日常的行為模式造成任何影響。改變不存在，因為丁丁唯一的念想是冒險。我們會在下一章探討這一點。

（因為這件事）品牌必須再造他們的行銷傳播方式。（終於）說故事能夠作為行銷方式滿足這個新局面。它可以表達價值觀，並在敘述的時候更符合受眾的期待。（從此以後）品牌和機構的行銷傳播不能再走回頭路。如今傳播已遠遠不再是單純的傳遞訊息，而是與用戶建立更深厚、更講究品質的關係。

練習▶▶▶

建構敘述的骨架

→ 使用七個步驟為故事打造初稿。有一個條件：在故事中改變現實世界的某個表現。

→ 從書籍和電影中找出觸發因子。仔細看看主人翁如何失去平衡，一腳踏入冒險王國。觀察你自己，是哪些觸發因子帶你走上目前的生命旅程。

→ 想像一下，哪些事情可能會改變你的生活。挑選一些小事，例如忘記鑰匙或錯過公車，利用七個步驟發展出故事結構。然後重新改寫，不要留下步驟提供的現成句子。

→ 效法雷諾，把故事寫成一首歌。利用歌詞展開行動……

→ 海明威曾經用六個字寫出一個故事：「售：嬰兒鞋，全新[65]」。你也能在網站上，提出自己的「六個字故事」。請試著用三則推文練習一下……

65 « For sale: baby shoes, never worn. »

→ 以同樣的方式，練習建立網站或任何出版品。仔細運用三幕式結構，做到呈現、複雜化和解決問題。

18_

召募團隊：人物

你故事中的所有人物屬於永不分離的物種。
他們只有協力才能產生作用，每一個都具有多種面向。

偷窺者

想像這棟座落在紐約的四層建築，每一層有兩套公寓。我們拆掉了建築物臨街的一整面牆，現在你就像偷窺者，八套公寓裡的每個客廳，以及建築物中央的樓梯間，所有裡面正在發生的事，你都能看到。我們可以關注12個不同的地點，裡面的每個人都在製造事端。我們看到有人從房間的窗戶爬出去；另一棟公寓有人把耳朵貼在大門上，聽著樓梯間傳來的聲響，送貨員正搬著大箱子上樓；一樓的夫妻在孩子面前發生爭執，丈夫打開家門，衝上樓梯去見四樓的女人；他們對面的公寓裡，有個人在室友的面前倒下去，想必是心臟病發作；三樓幾個40多歲的人開派對，熱鬧非凡；三樓的另一邊，有個女人替床上的男人蓋被子，他坐起來時，我們看到他雙手反綁在背後。視線所及的12個空間中，每一處都有它的故事，真讓人為之著迷。以上我們所描述的，是美國HBO頻道2007年推出的《偷窺者》（*Voyeur*）系列宣傳影片之一。HBO製作過幾部著名的現代影集，如《黑道家族》、《六呎風雲》、《火線重案組》，以及《冰與火之歌：權力遊戲》和《無間警探》。該有線電視頻道為了宣布開啟電視點播服務，安排了創新的多媒體宣傳活動，有點類似希區考克當年為《驚魂記》做宣傳，HBO要展示自己說故事的專業知識。整個活動的開始是在街上向路人發送神祕事件的邀請函，活動地點位於紐約街上的某一棟建築物前。一個飄著小雨的夜晚，剛才我們所描述的影片，就投影到建築物的外牆上。邀請函上印著切割出的畫面，讓觀眾能夠發現隱藏在不同故事之間的聯繫。同時他們還推出網站，誰都可以隨意觀看該系列的所有影片。創作背景音樂時，還特別考量要配合每個場景安排的動線。觀眾也能上網造訪，HBO利用相同的虛擬方式呈現的其他建築物，其中有一部讓他們目睹了聯邦調查局探員遭到謀殺的經過。該片名為《觀看者》（*The Watcher*）。觀眾發現自己處於偷窺者的角度，目睹殺人罪行之後，被行兇者發現。看完這部影片，可以更進一步，瀏覽另一個偷窺者的部落格。也有不少線索隱藏在線上的分類廣告，甚至能從手機接收獨家提供的其他內容。全面的體驗使得宣傳活動大獲成功。

從想要到需要

人物首先是欲望的化身，想要完成或得到某件事的欲望。當他的處境有利於這種意圖出現時，欲望自然就會出現在他眼前。換句話說，他的故事，也就是引起我們興趣的事件，會為他做出必要的安排，好讓觸發因子讓他看到什麼是他極度缺乏的東西。這時他已作出充分的改變，並由他促使其他角色成長。《無間警探》主人翁羅斯・科爾的磨練，來自數年前失去了他的孩子，以及潛入德州販毒幫派時的黑暗經歷。對於路克・天行者而言，則是作為農夫毫無樂趣的生活，以及他對從未謀面的父親心生孺慕之情。至於洛基，他對自己與勒索者同流合污的事，感到羞辱和厭惡。主人翁的欲望必須是攸關生死的議題。觀眾在整個故事中都帶著這樣的疑問：「他到底會不會成功？」我們的人物擺脫不了他的執念，他越是嘗試達到自己的目的，就越是為大眾認可。成功與否反倒不那麼重要。他越堅持，就越能吸引我們的目光。俄國戲劇表演理論家史坦尼斯拉夫斯基（Constantin Stanislavski）表示，沒有什麼會比看著某人努力試著解開鞋帶更有趣的了。觀眾必須對人物產生混合愛、憐憫與恐懼的感受，有時甚至對他生氣，我們沒必要永遠贊同主角所做的選擇。然而觀眾必須能夠理解他們，這是閱聽契約的另一項條文。史坦尼斯拉夫斯基還就演員的表演技巧說道：「為了讓你的表演真實，就必須讓它準確、合乎邏輯、具有連貫性；你必須與你的角色一起思考、抗爭、感受和行動。[66]」

有時，你的主人翁想要什麼，和他真正需要什麼才能發展，兩者之間存在衝突。需要，是人物為了成長而必須實做或學習的事。例如《玩具總動員》中的伍迪，他想成為小男孩安迪最心愛的玩具，但他必須學會分享、學會不要總想成為最好的那一個。正是在故事的最高潮，主人翁總算做出改變自我的選擇。整個故事的展開，就是主人翁的進化過程，高潮對他來說是革命。本章開頭提到的HBO宣傳活動引人入勝。從頭到尾我們沒有聽到人物之間的對話，但我們看到他們的行動。就像我們小時候觀察的蟻丘一樣。他們掙扎、相愛、交惡、逃亡；總之他們採取了行動。

原型

然而我們還是有疑問：在影集《冰與火之歌：權力遊戲》中，誰是真正的主人翁？奈德·史塔克的私生子瓊恩·雪諾？龍母丹妮莉絲·坦格利安公主？瑟曦和詹姆的兄弟、迷人的侏儒提利昂·蘭尼斯特？回答這個問題的難度過大，因為我們一向稱之為「主人翁」的角色，在這部史詩故事中如蒼蠅般掉落。而且史塔克家族的幾名成員，似乎也是最能引起好感的人，一個接一個死去。運用全部心力塑造唯

66 Constantin Stanislavski, *La formation de l'acteur*, Petite bibliothèque Payot, 1963.

一的主人翁，是述說故事時會犯的錯誤。其實故事中的每個人物，都在網狀組織中發揮作用。他們的存在，完全依賴行動和彼此編織出的關係。要讓觀眾知道角色之間的聯繫，最簡單的著手方法是使用原型。你可以用基本的模式，將他們之間的關係視覺化。原型的數量並不多，首先就是主角。位於主角的對面，必然是他的對手。至於對手是否是血肉之軀，是否為奇幻世界的生物、一座荒島、大自然，甚至某個概念（例如「高物價」就為Intermarché超市填補了此一功能），都無關緊要。在我們的主角身旁，可以添加一位國王或領導者，以及一位導師（路克・天行者的歐比王・肯諾比和尤達大師、《追殺比爾》女主角的白眉、洛基的米基教練……）。我們還可以給他一位盟友，為他找個叛徒，甚至多一個假對手。這也是《冰與火之歌》如此引人入勝的原因之一。前仆後繼的每個角色，都在人物關係的脈絡裡，輪流擔起原型的任務，因此才讓人無法確定誰是這部作品的主角。

自由落體

2012年，能量飲料紅牛推出平流層計畫（Stratos）。主角是菲立斯・鮑加納（Felix Baumgartner），他要在平流層進行自由落體跳傘活動。你可以從該計畫的專屬網站上，看到致力此一極限活動的團隊。鮑加納的對手是平流層，他的導師是自由落體前記錄保持人

希區考克與麥高芬

「麥高芬」是希區考克自創的概念。這個詞通常代表主角或他的對手心心念念的神祕事物，用來指涉情節的發展。希區考克喜歡用下面這個故事加以說明[67]：

這事發生在英國，火車上坐在同一個包廂裡的兩個人。其中一個問另一個：「請問，先生頭上那個奇怪的包裹裝的是什麼？」

「這個嗎？這是麥高芬。」

「用來做什麼？」

「在蘇格蘭的山上捕獅子。」

「可是蘇格蘭的山上沒有獅子！」

「那就沒有麥高芬。」

麥高芬是希區考克使用的一個說法，代表導演如何解釋主人翁的行為；它的份量越低，觀眾就越會關注主人翁的行為。《驚魂記》的女主角瑪莉安偷了老闆的錢，等她到了諾曼．貝茲的旅館時，這筆錢就是完全被人遺忘的麥高芬。《星際大戰四部曲》的麥高芬是全宇宙生物都在搜尋的小機器人R2D2

喬．基廷格（Joe Kittinger），負責指揮任務的是亞特．湯普森（Art Thompson）。幸好所有成員都是盟友。我們也許會感到遺憾，團隊中沒有出現丁丁漫畫《奔向月球》（*Objectif lune*）或《月球探險》（*On a marché sur la lune*）中，擔任叛徒的法蘭克．沃爾夫。如果真

67 Pierre Ficheux, *Hitchcock, la légende du suspense*, http://hitchcock.alienor.fr/cinema.html

有的話，一定會影響到整個行動，用在說故事的技巧中，會製造出天大的曲折！「原型」是簡化故事人物網非常有用的工具。當然，它只是繪出草圖。之後，務必要為每個角色分配特定的細節。然而千萬記住，費滋傑羅說過：「你從『人』出發，最後會發現自己創造了一個原型；從原型出發，最後會發現自己什麼都沒創造。」當你剛開始說故事時，沒有必要模仿《冰與火之歌》的主創團隊。請你從最小的編制著手即可：主角與他的對手，就已綽綽有餘。我們在Canal Plus的《獨角獸》廣告裡，只看到一位主角，他的對手是末日洪水，以及由挪亞代表的國王／導師。

3D模式

你的角色由三類特徵組成。生理特徵（外在）、社會特徵和心理特徵（內在，前兩項特徵的結果）。要把這些特徵顯現出來，必須永遠從真實面出發。請你從身邊的例子著手：你的家人、朋友、鄰居或路人。用你能掌握的第一手材料，創造你的角色。

生理特徵：

你的角色是人、動物，還是物品？

他的服飾如何？

他的移動方式？

當你從遠處看到他時，首先注意到的是什麼？

社會特徵：

他的家庭背景與社會階層如何？

他的教育程度與宗教信仰為何？

他的國籍？

他的政治立場是什麼？

心理特徵：

他喜歡做什麼？

他的性取向是什麼？

他怕什麼？

他最常感受到的情緒是什麼？

如果他受困在電梯，會有什麼反應？

史坦尼斯拉夫斯基建議他的演員學生，從角色的內在入手[68]。說故事的人也必須這麼做，把欲望當成出發點。這個欲望會在冒險的過程中茁壯發展。你的故事需要敘事軸線，每個人物的內心旅程同樣

68 Constantin Stanislavski, *La formation de l'acteur*, Petite Bibliothèque Payot, 1963.

也需要敘事軸線。再次強調，任何敘述都是關於轉變、關於學習的故事。到了敘述的結尾，只有主人翁會變得更好或更壞……當你在設定欲望時，還必須為種種挑戰，構思它們的重要性。為什麼你的主人翁會認為這一切如此重要？你還可以找出具有哲學性、精神上的內心挑戰；或屬於物質的、身體上的外在挑戰。務必要為主人翁設定心理與生理會發生的狀況。

「帶他下地獄」

皮克斯工作室的某一堂大師課，建議我們在嘗試了解角色時，可以把他放進故障的電梯裡。正是在危機時刻，他的性格才能表露無遺。我們可以發現他最好的一面，也能看到他最壞的缺點。好故事往往欠缺好心眼。運用述說的手段讓你的角色來趟地獄之旅，你就會發現，接連不斷的場景和情況會更容易出現在你的腦海中。班・史提勒和勞勃・狄尼洛在電影《門當父不對》中所經歷的就是地獄。由嬉皮撫養長大的男孩，笨拙、沒有紀律、毫無野心，他來到未婚妻的家，後者的父親是保守、偏執的前美國中央情報局人員。把這兩人放在一起，會有什麼樣的結果。

探索用戶的生活

你可以使用創造角色的方法，構建代表人物（personas），這個字在拉丁文有「面具」的意思，代表客戶群中最典型的人士，你可以藉由這些代表人物，設計你的企畫案。出租住宿網站Airbnb就是依靠它們來掌握客戶的旅程。使用代表人物，可以設計出適合用戶需求，而且方向明確的品牌體驗。Airbnb利用分鏡的手法，呈現行程中不同的階段來推動工作。為了創造代表人物，要從用戶的欲望開始，了解他需要什麼才能達到他的目的。然後使用「如果」和「那麼」：「如果某人這麼做，那麼，我們必須把這個給他。」這種方式能建立真正的用戶體驗劇本，你可以用分鏡圖將它變得更具體。這就和編寫以變化為前提的場景一樣，你可以更新三個主階段：首先是行動，用戶為了達成目的而做的某件事；其次是回應，面對你的提議，他做出某種情緒反應；最後就是交易，也就是廣義上的交換和承諾。Airbnb在每個辦公室最醒目的位置，展示所有的分鏡圖和代表人物，並且附加具有解釋性的標題欄目：「這些表格提醒我們全面而完整地思考Airbnb的體驗。藉由它來了解什麼是主要的接觸點、什麼是優先策略、什麼是客戶需求。總之要永遠記住，我們的工作處理現實生活發生的事。」該欄目最後列出以下幾個問題：「每個人物對每個視覺效果有什麼想法和感受？推動人物在旅程中前進的是什麼？我們有哪些機會來改善他們的體驗？我們的工作如何影響人物的感受、認知、想法、決定或行為？」Airbnb的員工執行任務時，完全把自己視為說故事的人。

練習 ▸▸▸

創造你的人物

動手寫一個故事，用這句話作開頭：「大樓裡走出兩個人……」想像一下，他們離開這棟樓是否感到如釋重負。他們是要一起去見某個人，還是分道揚鑣？他們是兩個男人、兩個女人、一男一女，還是兩個小孩[19]……？

構建人物從描述他們的內在與外在特徵開始。

為你的代表人物寫下他們「生命中的某一天」。利用節目單的形式，告訴我們這一天他們的生活。你用什麼方法來完成這個過程？你可以為他們提供什麼協助？

盡量將你的設計表現得人性化。手繪插圖，作畫時可以混合運用不同的視角或具體的物件。

[19] Sherry Ellis, *Now write ! Fiction writing exercices from today's best writers and teachers*, Tarcher Perigee, 2006

皮耶・修宋（Pierre Chosson）

「引導我的是人物」

皮耶・修宋曾任職法國電影資料館，1980年代投入電影編劇，第一部作品改編羅曼・加里的小說，弗德里克・布魯姆（Frédéric Blum）執導的《騙子》（*Les Faussaires*）。隨後又參與了15部電影的工作，包括賈克・邁尤（Jacques Maillot）《血緣關係》（*Les Liens du sang*）、瑪加莉・希夏－瑟哈諾（Magaly Richard-Serrano）《拳擊台上》（*Dans les cordes*）、克里斯多夫・拉莫特（Christophe Lamotte）《匿於冬日》（*Disparue en hiver*）以及與芭亞・卡斯密（Baya Kasmi）、朱利安・黎提（Julien Lilti）共同編寫，由多瑪・黎提（Thomas Lilti）執導的《醫手遮天》（*Hippocrate*）。電視方面，修宋與邁尤合作完成《像夏天一樣寒冷》（*Froid comme l'été*）與《背上一隻猴子》（*Un singe sur le dos*）；另外，他與拉莫特合作的《偏航》（*Dérives*），獲得2001年法國視聽藝術國際影展（FIPA）最佳劇本獎。他和奧利維・戈斯（Olivier Gorce）共同為伊莎貝・札茲卡（Isabelle Czajka）和德法公共電視台編寫的《開槍後的人生》（*Tuer un homme*），獲得2016年拉荷榭影視展最佳電視影片獎。多年來，身為編劇的他也在導演的路上探險，執導好幾部短片，如《瑪莉卡》（*Malika*），《我記得你》（*Te recuerdo*）。他還是成立不久的電影編劇協會（SCA）的聯合理事長。

››› 你怎麼開始一個新劇本？以你想接觸的主題為起點，還是從處境或人物獲得靈感？

首先必須就什麼是劇本產生共識。有些人認為它代表「準備好」的故事，內容大致上已組合完畢，故事作者基本上把它視為電影的核心部分，也就是最有「創意」的部分。對於包括我在內的另外一些人來說，劇本主要就是基礎參考點，導演根據它來完成一部影片，這個劇本絕對不是編好的故事，而且必須和燈光、表演、鏡頭時間長短、剪接，共同參與書寫影片的工作，（在最好的情況下）共同讓作品超越它所講述的故事。從這個角度，也是我的角度來看，所謂「好」劇本，無論採取哪種形式，就是能讓導演在進行影片探索時，做出更多發揮的劇本。它具有文學性，既有野心、同時又有分寸。野心是因為它給未來的作品打下基礎，有分寸是因為它只是起點。日本導演小津安二郎就說過，沒有什麼比「好劇本」更讓他產生不信任的心理。當我開始動筆時，我總是盡量懷抱野心，但同時謹守分寸。現在，我想簡單回答剛才的問題，關於我的工作方式，在搭建劇本結構之前，我一定會空出「浮想聯翩」的階段，來想像這部電影。我會有各式各樣的想法。在這個階段，我頂多是做做筆記。如果我們是兩個人合作，這是編劇時常碰到的情況，這個階段就是與導演的交流時間。這屬於純發想時刻，圍繞著人物、可能的場景、氣氛、調性、色彩，一點一滴發展出呈現影片的方向。同時也要為劇本觸及的各個主題與問題收集資料。舉個具體的例子，《背上一隻猴子》是關於酗酒的影片，我在整個發想階段，還閱讀了相關著作，並和匿名戒酒會成員碰面。看起來好像理所當然，反正提醒自己不能憑空捏造總是件好事，要想就我們不知道、沒有嘗試了解過的東西，得出什麼想法或想像力，絕對是非常困難的事。有些新手編劇認為光有想像力就夠了，他們以為想像力是寫劇本的唯一必要的才能或天賦。我認為這是錯覺。今天，任何編劇要寫犯罪片以前，都要先接觸許多顧問、警察、法醫、律師，他們能夠檢驗編劇的想法和選擇有沒有道理。我們必須知道自己在說什麼。當然，我們還是可以玩弄、甚至違反現實的情況，但這時最好是有創作上的充分理由。

››› 你是否會為你的故事先擬出大綱，還是跟著人物自由發展？當你開始寫故事時，是否已經有了結局？

建構劇本的實際骨架，絕對少不了由我組建、打散、再重組的一系列分場大綱。首先是勾勒輪廓，然後透過深入挖掘、修改一個接一個的場景，就會越來越接近合理的「骨架」。也許應該說是人物在引導我。是他們逐漸呈現自我、建立存在感，我慢慢開始理解他們，於是他們就拿出說話方式和行為方式。我會在對話以及人物的感受中，尋找某種準確性，就算只是出於我的幻想，但對我來說十分必要。我還要一直提醒自己、不能用俯視的角度「高高在上」，反正就是我並不比他們優越，必須盡力與他們處在相同的高度。不過，所有的角色必然都要出現在情境和背景環境中，因此，塑造人物與建立他們的處境，二者必須同時進行。劇本是在人物與處境之間不斷來回琢磨、構建而成。它們相互提供養分、增加深度。我認為自己一直更看重人物的準確度，而不是某個好像很迷人、但不符合角色本身的處境。我一向以警惕的態度，面對所謂熟練的編劇技巧，以及「特別為了精采」而提出的「好點子」。

至於結局，我向來對作品會把我帶去什麼地方，有個大概的想法，但在抵達終點時，不見得是我一開始自以為瞄準的目標。我們應該以開放的態度，留心寫作過程中產生的起伏與變化，不要害怕死巷和小路。這是一段旅程。我們踏上了一條路，隨著寫作的推進，不斷發掘出我們的電影。有時它會讓我們感到驚訝，而正是當它讓我們感到驚訝時，我們才有機會走上正確的路。它幾乎是生理上的感受。

››› 電視影集的興起，是否改變了你為電影與電視編劇的方式？如果有的話，影響的程度大嗎？

我不認為它讓我改變了什麼工作方式。無論是電影或電視、影片或影集，我還是用差不多相同的方式進行。這一點可能是世代的問題，而且絕對和我重視法國「作者電影」的傳統有關。不過，隨著電視影集的成功或者說流行，觀眾和業界對劇本的認知，出現了不同的看法。影集已經成為新的「寶山」，在我看來是因為「說故事的編劇」崛起，他們的工作觀念會優先考慮情節、而不是戲劇整體的呈現。創作與打造電視影集，可以令人感到非常興奮、非常開心。

然而電視影集也造成寫作的產業化，以及持續競逐意想不到的情節，它們帶來的不全是優點。它們讓劇本成為各種影片創作的唯一與整體，甚至在電影藝術也是如此。然而在我看來，電視影集和文學與19世紀連載小說的關聯，要多於它和影片創作的交集。一部好的影集，比較像是讓我們走入大仲馬或凡爾納的創作領域，而不是進入約翰・福特、法斯賓達或阿巴斯・基亞魯斯塔米（Abbas Kiarostami）的世界。這也不錯，偶爾還具有知識性或娛樂性。劇本對於專為電視製作的影片，一向比拿到戲院放映的電影，占有更重要的位置。然而若是考慮到電影必須寫得像電視影集一樣，情況就會有所改變，劇本的重要性還會再提高，但在我看來就有點太神聖了。另外，編寫影集更適合由工作室的夥伴完成，這麼做有時是件好事。而且這一點其實是影集的特點：非常適合以集體寫作的方式編劇（兩、三個人或更多人合作）。電視劇給予編劇或劇集主創更為重要的位置，使得導演的重要性降低到技術人員的級別。因此，在我看來，影集的拍攝側重美術設計或藝術指導，電影意義上的導演任務則相對較輕。

››› 你會給新手編劇什麼建議？

我不清楚他們實際的狀況，所以實在無法為年輕的新手編劇提些什麼建議。他們進入正在改變的領域，而且隨著科技的發展、虛擬實境的進步，以及令人著迷的電子遊戲文化所帶來的影響，一切必定還會發生巨大的變化。當我自己思考什麼是寫作時，我總是會想到詩人里爾克，以及他在《馬爾特・勞里茨・布里格手記》（*Cahiers de Malte Laurids Brigge*）談到詩作的這一頁。其中有這麼一段：

「僅僅為了寫一句詩，必須看過許多城市、人與事，必須了解動物，必須感受鳥兒如何飛翔，知道花朵在清晨開放時的每個動作。」

不過我倒是有個比較基礎的建議。故事本身沒有好或壞，只有在說出來的時候，可以區分出為數眾多的好方法，以及壞方法，同樣為數眾多。不用過於擔心會因為出錯，而沒有機會找到自己說故事的好方法。

V

增進寫作技巧，發揮創意

AMÉLIORER SON ÉCRITURE ET DÉVELOPPER SON ESPRIT CRÉATIF

這裡我們會就採用何種方法來處理廣告、寫作和創作，提供一些建議。

19_

大師開講

如果有四位廣告界的權威，就他們的行業與其中的演變進行交流，會是怎樣的情形？以下這篇虛構的會談，內容擷取自真實的採訪資料以及這四位大師的著作。

2018年6月，坎城國際創意節（Cannes Lions）

現在，請你想像一下，有位記者打算將四位廣告名人聚集在一起，就廣告專業、尤其是說故事的技巧，進行自由討論。你認為這也沒什麼，是吧。只不過，此處的受訪對象不僅是傳奇人物，而且其中一位在接受採訪的時候已經去世了。

讓我們假設這場談話發生在著名的坎城國際創意節。過去一年中最出色的廣告活動，無論採用何種傳播方式，都會在此獲得獎勵。自1954年以來，坎城創意節一直是廣告界的盛事。這四位與談者已來到Martinez飯店的露台上。首先是李岱艾廣告公司（TBWA/Chiat/Day）的傳奇創意總監李・克勞（Lee Clow），他為我們貢獻了蘋果公司最精采的廣告，尤其是《一九八四》和「非同凡想」。在他身旁的是喬治・路易斯（George Lois），他是《廣告狂人》時代的傳奇藝術總監。不過千萬別向他提起那部影集。這位希臘裔紐約客脾氣暴躁，很討厭那部影集。我們剛才提到，有位亡靈來到此處領取榮譽獎座，那就是大衛・奧格威（David Ogilvy），他也在現場，廣告界的神話級人物，奧美廣告公司創辦人。這位銜著菸斗的英國人是位真正的大師。另外一位也叫大衛，澳洲人，是目前還在世的大衛・卓加（David Droga）。這位獨立廣告公司Droga5的創始人，每年都從廣告界的巨頭眼前抱回獎項。卓加受到肯定，因為他有能力為規模最龐大的企業，如：可口可樂、谷歌、安德瑪（Under Armour）、彪馬（Puma）或《紐約時報》，提供有創意、引人矚目又聰明的廣告。採訪開始。

››› **我想以一個簡單的問題作為開場。各位覺得廣告發展到現在，有很大的變化嗎？**

奧格威：對我來說什麼都沒變……消費者決定花錢購物，仍然是根據他們的情緒，而不是出於理性。他們還是很討厭被打擾。在我那個年代，他們收看自己最喜歡的電視節目就是這樣，現在上網還是這樣。其次，我們的消費者也一直需要分享他們的意見。社群網路不過是街角酒吧或保齡球館的虛擬版本。最後，就算你的廣告可能是地表最好、最有創意的作品，但用戶永遠青睞產品或服務品質無可挑剔的品牌。

路易斯：儘管如此，他們也喜歡被非常聰明、非常有創意的提案所打動。我從來都不需要策略，只需要做到精采絕倫……我到現在還是有這種功力！

奧格威：沒錯。我朋友比爾・伯恩巴克說，「說服不是科學，而是技術」。不管別人怎麼說，我們的工作是為「購買」提供充分理由。它讓我們有責任表現得既聰明又有趣，既受人尊敬又有吸引力。要以最好的方式講述好故事，同時在面對我們訴求的對象時，要能運用相同的語言。我們「如何」述說，與我們述說的內容一樣重要。

克勞：對，並沒有什麼實質上的改變。有些客戶認為新媒體會完全取代舊媒體。這個想法基本上完全錯誤。我們用數位呈現的東西，和我們已經表現在傳統媒體上的內容相較之下，只能稱得上原始。數位不過是技術，還不能算是藝術形式，更不用說具有什麼說故事的技巧了。它是述說行動的片段，一個使用工具，僅此而已。整體看來，目前我們只處在它的童年時期……[70]

70 http://www.adweek.com/brand-marketing/lee-clow-would-rather-keep-working-150976/

卓加：唯一真正改變的，是大家在我們這個產業發展出種種技術，就因為不接受我們創造出來的東西。我們每一次都應該仔細想想，呈現出來的產物是否貼切。我認為光是說要很酷、很聰明或很有趣，已經不夠了。我媽對所有這些完全不在乎，當然，她很高興我成功了，獲得一些獎項。不過她唯一關心的事就是問我「你為別人做了什麼？」或是「你有沒有創造出美麗的事物？」我爸正好相反，從各方面來看，他都是我們所謂的典型的商人。今天我多少帶著這兩種觀點來理解我們這一行。一邊是想拯救世界的媽媽，另一邊是想統治世界的爸爸，但這個回答恐怕不太切合你的問題[71]！

奧格威：親愛的大衛，你說的很有道理。一切全都取決於我們如何看待廣告。它並不是用來娛樂或傳遞訊息的方式。我們不用自欺欺人，其實它就是用來販賣產品。我的廣告要有趣到讓你產生購買的念頭。在我那個年代，所有人都相信電視會徹底改變一切，但這個想法是錯的，就像今天大家說到網路時完全一樣。總之精采的廣告都建立在相同的特點上，而且產品能賣得出去，靠得永遠都是最好的承諾，無論是訴求美麗，還是某種社會地位，就像蘋果公司所做的那樣。

71 https://www.fastcompany.com/40427324/advertising-superstar-david-droga-knows-how-to-get-in-your-head

克勞：蘋果公司賣的不僅僅是社會地位，還出售讓人充分發揮創意的承諾。

奧格威：我說的就是這個，社會地位……只不過它在我那個年代有點不同。祕訣不是賣牛排，而是煎牛排滋滋作響的聲音。要做到這一點，必須像太空人研究星球一樣地研究產品。從裡到外。當我為勞斯萊斯工作時，我花了三個多星期的時間，閱讀所有我能找到有關他們車子的資訊。同時，還需要了解客戶對相關產品的看法，而這就是承諾，從這一點出發最有可能說服他們購買。經過探索階段之後，我們需要藉由描述產品作用，明確指出它的服務對象，來為產品定位，賦予它意義。接下來就是品牌形象。我們賦予產品怎樣的個性？如果我們在兩個不同的杯子倒入同一種威士忌，讓同一個人品嘗。不過我們為這兩杯威士忌取上不同的名字，表示它們是不同的產品。你的客戶非常有可能會覺得，其中就是有一杯品質比較好。這一點和品牌形象、和你述說的故事有關。我們可以大致這麼說，世上沒有微不足道的產品，只有微不足道的撰稿人。

克勞：完全正確。傳播訊息的方式，取決於你的受眾偏好哪一種媒體。早在網路出現以前，我們就已經使用好幾種媒體來講述複雜的故事。這讓我想到法國汽車製造商雪鐵龍推出的「黃色越野」活動。它是發生在1931至32年間的汽車長途旅程。第一次世界大戰結束後，擁有半履帶專利的工程師，主動找上老闆安德烈．雪鐵龍（André Citroën）。雪鐵龍看準它的廣告潛力，組織了三場探險長征，其中最著名的就是「黃色越野」，從中東一路馳向遠東。這段冒險聚集了40幾人，並透過當時的各種方式傳播：新聞媒體、展覽和紀錄片。安德烈．雪鐵龍並不知道，自己制定的正是品牌內容的策略，同時還運用了說故事的技巧。

路易斯：我們玩的遊戲，名字不叫「科技」，而是「創意」。

克勞：不用追求賣出大量的產品，而是提高它令人嚮往的性質。與其把目標設定為具有購買動機的客戶，不如瞄準猶豫不決的客戶。到了值得讓人注意的時候，自然就能獲得關注。設計出好的說故事行動，其道理完全相同。區別就在於遭到忽視或是接受擁抱。

卓加：還有很多人沒有意識到，創意在商業行為中有多麼重要。有許多從事廣告創意的人，會奮力維護他們所謂的創作，但不去關心它對生意的影響。這個態度是對事物抱持短程的看法。你的廣告公司越是能把商業和創造連結在一起，就越能自由地發揮創意。

https://www.contagious.com/blogs/news-and-views/113661189-interview-david-droga-on-creative-leadership

克勞：所有這些也有賴於廣告公司本身說故事的技巧。李岱安廣告的辦公場所就是商業與創意結合的好例子。我們說它是「廣告城」，既是我們展現給客戶的櫥窗，也是創意人員絕佳的發揮場所，有利於隨時進行會談與交流。

奧格威：最後，我想再次引用伯恩巴克的句子。廣告的存在是為了販賣，無論提出什麼點子，都會超過你要說的故事，以及它的執行品質。道理就是這麼簡單明瞭。請記住，大眾選擇自己喜歡的品牌，就和他們選擇朋友一樣。所以必須用最恭敬的態度來完成你的工作。如果你受邀到某人的客廳，你有責任不要惹他們生氣，不對他們大吼大叫，也不要把腳放到他們的茶几上。另一方面，如果你表現得很有魅力，給他講個好故事，讓他露出微笑，說不定下一次他還會邀請你……

20_

讓我們為你提供幾條簡單的寫作規則，
在我們看來，這些規則比較屬於常識，並不受限於天賦。
這些規則特別適用以傳播行銷手段為主的說故事行動。
至於文學寫作，它在本質上比較不受規則限制，
而且只要求作者在創作時進行改裝。

- 首先，在寫任何東西之前，必須要會觀察。寫作的第一步是探索，然後是鍛練想像力。藝術是解放自我，但設計則與同理心有關——說故事就是一種設計的形式。你必須能夠把自己放在受眾的處境，了解他們的需求和期望。請注意，並不是要你獻殷勤，而是在了解受眾之後，你的故事能對他們有用。

- **力求將傾訴的口吻設定為只對一個人說話。這是拉攏最大多數人的最佳方式。說故事的力量把我們拉向火堆，圍坐一圈開始分享。對話，就是交流訊息。**

- 像史蒂芬・金一樣，關在家裡埋頭擬出你的草稿。不要拿給別人看。草稿完成後，出門逛一逛。回到家，重新再寫。首先要拿起鋸子進行全面審視，然後要不時握起手術刀。再次書寫時，你必須抱持強烈的懷疑態度。海明威曾說，自己成功開發出世界上最好的「狗屎」探測器。

- **要盡量舉出細節，避免籠統的描述；不要給出你自己在看書或看電影時，總會跳過的類似段落。如果你的角色看到一輛車，要特別強調一兩個特徵。哪個部分生鏽了？車身的顏色特別嗎？總之，要具體！不要說「我們的解決方法」，而是直接告訴我們，你的產品能做什麼。不要只說「很多」，要明確告訴我們有多少。**

- 優先考慮主動句。「賈克燉了普羅旺斯雜燴」，而不是「普羅旺斯雜燴是賈克燉的」。此外，只要你認為可行，就盡量使用描寫力度較強的動詞，來代替「是」、「有」、「做」。

- **一般來說，避免出現專業術語和縮寫。這類詞語的唯一用途，只是讓使用者本身感到安心，卻經常把大眾拒於門外，有時連專業人員也不樂意接受。你應該找出聰明的說法，但又不要太過學術性。優先選擇你常用的字句，而不是你看過的字句。**

- 審慎使用傳統的隱喻。通常會盡量避免現成通用或常用的句子。作家的才華表現在他創造自己的說法和修辭的能力。沒錯，這部分絕對最難實踐。

- 全部寫完後把它大聲讀出來。進行修改，大聲再念一次；修改，大聲念……

- 讓你和正在寫的東西保持距離。規則實際上很簡單：在整段文本中，去掉你最喜歡的部分。這項技能會隨著實做越來越熟練，你寫的越多，執行起來難度就越小，儘管每一次都讓你很痛苦。

- 在第一頁的最上方寫下故事的主題，它是經過誇大處理的主要訊息。不要把注意力從你的主題移開，它只有一個願望，一走了之……

- 《大家都在寫》（*Everybody writes*）的作者安．韓德利（Ann Handley）告訴我們：「好的進攻帶你參加派對，好的結局讓你後悔沒有待更久。」用你的開頭抓住觀眾；從情景著手，要比從人物或結尾開始好得多。不過這一點也是說起來容易，做起來難。

- 最後也是最重要的一點，你必須極其謹慎地面對任何有關寫作

的規則，我們的建議也包括在內！現在請你寫下自己定出的規則。輪到你表現了！

21_ 關於創意

在此提供一些技巧，它們延伸自我的前作，
有助於發揮、提升以及延續你的創意。

每天早晨的儀式不變。白色多用途汽車停在瓦漢街84號前面。司機從駕駛座出來，打開兩個後門。餐廳迅速出來幾個人，有男有女，開始卸下盛裝蔬菜水果的板條箱。主廚亞蘭・帕薩（Alain Passard）仔細查看這些蔬果。不一會他已經開始做菜了。他的餐廳Arpège已連續21年獲得米其林三星推薦。帕薩是目前法國最偉大的廚師之一，他的美食特色來自高度重視食材。他做菜沒有食譜，完全隨著季節和

Guillaume Lamarre, *La voie du créatif*, Pyramyd, 2016.

每日收穫的蔬果，自然發揮料理每道菜餚。帕薩有兩個屬性不同的菜園。第一個具有沙質土壤，位於薩特省（Sarthe），第二個更趨近於黏質土，位於厄爾省（Eure）。這兩個地方都以尊重自然的精神進行耕種，目的是要保護生態系統，避免使用造成長期破壞的化肥與殺蟲劑。為了維持環境的生態系統，菜園從不驅趕野生動物，無論是各類猛禽、爬蟲類，還是囓齒類動物。帕薩曾經在兩個不同的菜園同時種植同樣的蔬菜，結果讓他收穫明顯不同的風味，於是他了解可以對菜園抱著怎樣的期望。對帕薩來說，園藝和烹飪一樣崇高，也都令人感到興奮。「我種出自己的蔬菜，是為了敘述從種子到盤中餐的故事……也是為了將廚師和園丁這兩種「熱情職業」，結合在我的雙手之中！有了這些菜園，我可以將創造力交付給大自然，由它決定我的作為[74]。」在2000年代初，帕薩做出具有開創性的關鍵選擇，他決定停止烹飪他所謂的「動物組織」。他很有勇氣選擇了蔬食料理，並且在薩特省有了自己的第一個菜園。就這樣，他在原來以烤肉著名的餐廳作出改變，將烹飪肉類的技藝轉而運用於各類蔬菜。儘管做出這項毫不妥協的選擇，Arpège仍然保住了1996年所獲得的三顆星，並且持續創作出全世界最美好、最富想像力的餐點。帕薩掌握創作的精髓，採取正確的態度，養成良好的習慣，培育自己的資源，並為烹飪的行

[74] http://www.alain-passard.com/

動與姿態，賦予神聖的色彩。我們在學習述說故事的時候，應該效法這位米其林三星大廚，以期有能力精心調製最精采的故事。以下概述幾項有助於走上「創意之路」的規則。

◘ 採取正確的態度

首先要選出我們希望獲得發展的領域。我們每個人都坐擁寶山，每個階段的生命都充滿故事。出於本能，我們會將每個階段編成故事，並在其中放入觸發因子、波折、對手和結局。具體而言，如果你將自己所處的領域，視為無盡的豐富源泉，那麼它必然會成為你的寶藏。重點在於有意識地掌握它。何不效法巴布・狄倫，他的生活環境一直充滿歌曲與傑出的歌手，不在乎他們頂頂大名或藉藉無名。那是他無窮無盡的靈感來源。伍迪・艾倫表示自己盡量不和現實生活打交道，他把大部分時間保留給經典影片、爵士樂以及他最愛的籃球隊。亞蘭・帕薩觀看芭蕾舞的演出深受感動，會從中汲取靈感創作新菜，你也可以試試看。把你的部分創意託付給你的周遭世界，它會百倍回報你。對於說故事的人以及任何有創造力的人，關鍵在於與時俱進，也就是萊茵河彼岸德國人說的「時代精神」（Zeitgeist）。古典文化固然重要，但絕對不要低估流行文化。當代小說、電影、電視劇、日本漫畫、電子遊戲或電視節目，每個領域都能編織出自己的世界，與無以計數的大眾交流。

養成良好的習慣

人類喜歡將自己的大腦比作電腦。只不過它既像台機器，也像個湯碗。事實上，最適合這個器官的隱喻是菜園，它不僅適合用來比喻我們的大腦，也適用於我們的整個身體以及有機系統。我們運作起來完全就像菜園，甚至像森林：持續交流和適應環境的分布式智能。我們的責任是以必要的方式培育這個菜園。為此，我們可以建立個人專屬的生態模式，它可以是文化上的、身體上的或精神上的。具體作法就是養成良好的習慣，同時找到最適合自己的習慣。提防自己大吃大喝的行為，留意你所購買與觀看的內容。謹慎使用社群網路，它們設計出來就是為了偷走你的時間。盡量在能力所及的範圍注意飲食，以及酒精或精神藥物的攝取。有人誤解酒精與藥物有助於提升創意，事實並非如此，即使有，也太過短暫，身體也會付出驚人的代價。不妨參考頂級運動員，三鐵[75]選手布蘭登・布瑞澤（Brendan Brazier）的經歷。他觀察過最優秀的競爭對手，注意到他們或多或少都以相同的方式進行訓練。他們之間唯一的區別是恢復體能的快慢。他決定吃素，因為他直覺認為這種飲食能幫他快速恢復體力。布蘭登・布瑞澤成為三鐵冠軍。

75 漫長而艱辛的三項全能運動，包括3.8公里戶外水域游泳、180.2公里的自行車騎行，最後以42.195公里的馬拉松作結。

亞蘭・帕薩的專業知識以及面對職業的態度，直接承繼自他的幾位師父，其中包括主廚亞倫・桑德翰（Alain Senderens）。他什麼都學到了：動作正確的重要性、料理台前的例行公事、掌握切割與火候的技術。請你也這麼做，選出你心目中的英雄，那些讓你找出人生道路的男士和女士。你可以向最喜歡學科的專家借鏡，但是你也可以在其他領域尋找。一旦你找到效法的對象就往上追溯，看看誰是他心目中的英雄。我們說的都是同一個故事，也全都參與了同一場接力賽，每個人都將另一個人的故事推向更遠的幾步之外。不要猶豫，你必須厚著臉皮把他們的一切占為己有。佩普・瓜迪奧拉（Pep Guardiola）是前巴塞隆納足球俱樂部球員，曾擔任該隊的教練，隨後成為德甲拜仁慕尼黑隊教練，自2016年起，在英超曼聯擔任總教練。瓜迪奧拉2006年退役後，曾走訪全世界拜見所有他崇拜的教練，所有對足球有想法的人。他「吸收」他們的知識，開創出自己的見解，其中還整合了其他運動和其他領域的觀念，成為目前最傑出的教練之一。

執行

所有的故事，就連最具有內省精神的故事，也是經由行動才能完成。展開故事，同時需要堅忍和放鬆。堅忍，因為過程中衝突迭起，它有多吸引我們就有多令我們望而卻步。寫作並不如我們想要相信的那麼愉快，或者說愉快的時刻相對而言十分短暫。美國女作家安・拉莫特這麼說過寫作，你一整天經常只有那幾個字，然後某天早上，那些字樂意組合起來。至於其餘時間，把故事寫出來真是不簡單也不愉快。首先必須動手開始寫，並且認清它的過程不會像我們最初想像的那麼理想。因此要堅忍，但也要放鬆。說故事的人必須放棄對完美的幻想。不要害怕寫得不好，可以先列出幾個清單，沒有人會害怕列清單。還可以運用第17章介紹的皮克斯提案。務必找到最適合自己工作的時間。犯罪小說家詹姆斯・艾洛伊（James Elroy）認為凌晨四點半是最佳時刻，他每天小睡兩次。對於其他人來說，通常會比較晚，要等到孩子上床以後。幾點都無所謂，目的是要找到現實意識對你的控制與抗拒最弱的時刻。還有一點要接受，就是我們常常會發現自己正在寫的東西很糟糕。這些難題只能一一跨越，就像身後有條巨龍正在追趕，牠熱辣的氣息已經燒到我們的脊梁骨。尤其要面對、不知道一切會把我們帶向何方，作家菲利普・迪雍（Philippe Djian）就是在發展文句的過程中，逐漸發掘出他的角色和情節。你要學習所有的遊戲規則，但最後送你一個建議，學到之後盡快把它們忘掉！

大師開講

尚－德尼．帕藍（Jean-Denis Pallain）

「讓觀眾自己說故事」

尚－德尼．帕藍是李岱艾／巴黎廣告公司的創意總監。1983年進入菲利普．米榭（Philippe Michel）的CLM/BBDO公司從事廣告工作，直到1988年。期間執行的廣告有三家戶外廣告公司Avenir、Giraudy、Dauphin促進生育率的「嬰兒」廣告，以及仙黛爾內衣、吉列刮鬍刀和服飾品牌Daniel Hechter。此時他的作品已開始獲得獎項的肯定，尤其是為Picon酒品所作的廣告。隨後在Young & Rubicam廣告公司短暫停留，為BN、la Vache qui rit等廣告商工作，接著就到李岱艾廣告，做了：有線電視、De Dietrich家電、Bull電腦、Philip Morris菸商、百味來（Barilla）……幾年後加入恆美廣告公司（DDB），一待就是12年。負責的廣告多不勝數，主要是福斯集團（Golf、Sharan、Vento、Passat等車款）、Bouygues Telecom電信、法國樂透彩Loto、運動彩券Loto Sportif、百味來、法國郵政、法國天然氣公司、Badoit礦泉水、Saba家電和精工Epson等等。他也在博達大橋廣告（FCB）工作一段時間，經手Orangina碳酸飲料、康福浪漫家居用品（Conforama）等，然後又回到李岱艾公司做了法國國鐵、佳信銀行、麥當勞、Magasin U、日產汽車等。

››› 你是否認為大眾對廣告的不滿和不信任，使得說故事的技巧比以前更重要？

幸好我們每個人都認為，光是說一句「來喝我！」，不足以讓數百萬消費者立即湧向超市，購買管它哪一種飲料。我們要解決的難題是什麼？你坐在沙發上，打開電視，要不了多久就能看到廣告。廣告的意圖一直都很明顯：「我來就是為了賣東西給你。」沙發上的人心想：「我知道你要賣東西給我，但我想看看你怎麼賣……」沒有什麼好矇騙的，整個過程清清楚楚。尤其是現在，大眾接受的廣告訓練與文化，要比以前多得多。意圖很誠實，彼此全都心知肚明。既然我們都很誠實，那麼何不直接說大白話呢？「你好，親愛的消費者，我是非常好的產品，買我吧。」在大多數情況下，這個問題得到的回答只有一個字：「不」。因為這種呈現方式實在太無聊！顧客對我們說：「給我一個相比之下應該選擇你、或更喜歡你的好理由……」這就是為什麼廣告主得有具說服力的好點子和說故事的好技巧，來傳達這個好理由。

››› 一般而言，說故事可以在哪種程度上讓廣告更加完善？

遊戲規則很簡單：大家只會關注知道如何博取注意力的人。要讓人感到意外，必須找到論點、理由，找到某個隱藏的功效，要能讓人笑、讓人哭、讓人做夢……哪一種都可以，但你得找到一個點子，說出有趣的故事。只有這樣，廣告才會多擁有一些讓人傾聽的機會，甚至讓人在購買時想起它。最糟糕的是有些品牌試圖強行輸送，或是把大眾當成白痴。它們最好的結果是被人忽略，最壞的情況是遭人鄙視。到那時，不僅沒有實現目標，最後還要付出高昂的代價。説到這兒，降低廣告成本，也是説故事在廣告中的重要任務之一。好故事在媒體策略中的花費比較低。與其不時提醒消費者不要把你忘了，不如讓他主動想起你。差別就在這裡，某個廣告留在我們心裡是因為我們喜歡這個廣告，某個廣告因為一而再、再而三地播放而注入我們腦中。好故事必須兼顧兩方面的平衡，有形式，當然也要有內容。只發展其中一面、忽略另一面，走起來必然不穩。以絕妙的方式述説完全錯誤的想法，不會得到任何結果……廣告有如巨大的擴音器，如果我們播放毫無趣味可言的故事，不過就是放大了它的無趣。

>>> 你能為我們舉出，廣告活動運用說故事技巧特別成功的例子？

我想到佳信銀行的廣告。我們不能用正經像樣的方式，把消費信貸是最受歡迎的部門這件事説出來，因為新聞報導的評論不佳，許多有問題的做法也讓它受到影響……總的來説，信貸部門的一般風評就是無法無天，會以任何條件、向任何人出售信貸產品，無所不用其極。在這個咸認特別不負責任的領域中，佳信銀行採取行動，表示自己是負責任的參與者，藉此彰顯自己的與眾不同。為了做到這一點，佳信決定站在笑聲這一邊，取笑自己這一行，尤其針對競爭對手「出售信貸產品無所不用其極」。故事的開始是這樣的：一個穿著體面的男人正在修剪草坪。突然他開始脫掉外衣，把黃色液體塗沫全身，跑到他剛剛割下來的草堆裡打滾。幾秒鐘後，我們看見他按了某一家的門鈴推銷信貸。當然，人家當著他的面關上門。接著響起廣告標語：「看起來像佳信，也不足以做佳信」，隨後畫面上出現銀行的吉祥物，影片中的推銷員顯然就是以它為效法對象。

我們稱這類廣告為「無實體」作品，因為它沒有明確說出訊息，反而是讓觀眾自行闡述和理解佳信銀行想要表達什麼。換句話說，廣告講述的故事主要是「弦外之音」。該品牌必然是佼佼者，因為連競爭對手也想打扮成它的樣子。廣告標語暗示出兩層意思，首先品牌譴責對手的做法，其次它自認為是「塞責行業中的盡責參與者」。說故事的行動只呈現出非常簡單的故事。一邊是「不負責任的人」，另一邊是佳信銀行。

››› 什麼原因讓它發揮這麼好的作用？

這種程度的陳述只有透過幽默才可能呈現。如果我們決定用嚴肅的態度，以表面上的意思說出這些話，訊息會變得傲慢，而且不會有人想聽。如果說話的內容不至於太一本正經，大家可以在笑一笑的同時，贊同其中的確有一定程度的實情。「沒錯，信貸推銷員為了把亂七八糟的東西賣給我，無所不用其極……這些人不可靠！」由於把這些心得顯露出來的不是影片，而是觀眾自己，它的效果就會越好。廣告結束時，觀眾已經得出該品牌與其他品牌不同的結論。

此外，這個故事基於真實的行為，我們或多或少都有過這類經歷，所以它能引起共鳴。在大家的生活中，一定有某個時刻會嘗試模仿某個人，可能是歌手、演員、心靈導師，可能是我們的穿著、髮型、手勢、說話方式……而且會有那麼一天，我們看見某個人嘗試模仿另一個人。這就是為什麼儘管有些喜劇可能很極端、很誇張，但讓我們覺得很真實。佳信廣告的另一個優勢在於它能夠一再變形。這樣一來，我們能夠隨著時間的推移，為品牌鋪展說故事的行動，以不同的方式發揮相同的故事。因此，我們可以一直使用各種不同的形式，重複同樣的故事，從而更新訊息的重點。

››› 關於如何利用說故事的技巧，可否再給我們最後的建議？

我們在佳信的廣告中放進幽默的元素，但這不是先決條件。我們認為幽默很重要，因為我們知道自己要的是什麼。客戶也經常會在簡報的階段，就要求我們訴諸美感或情感。我認為所有這些表達方式都只是工具。乍一看，很難知道哪種方式最好。唯一有用的問題是：如何才能以最有效的方式轉達我們想要傳遞的訊息？幽默影片？讓人想哭的故事？動畫？歌曲？遊戲？示範？影像的類型屬於夢幻式？奇幻式？還是富有美感？著手的方法成千上萬種，而實際上廣告一直在重複散播相同的訊息。每一次不是更多一點——更新、更有效、更簡單、更持久，就是更少一點——更便宜、更省事……這種情況也有點像歌曲。相同的主題一唱再唱，就那麼幾個音符，卻為我們提供數百萬種表達的可能。

在任何情況下，故事都應該尊重觀看廣告的人。意思是説尊重觀眾的才智，滿足他們想要感到驚訝、感到有趣的欲望……廣告不請自來進入大眾的客廳，試想，某個廣告在抵達某人家中的時候，以為自己代表此人在世上最期待的產品，對他大肆推銷，沒有帶給他任何娛樂成分，也不尊重他的智商，這豈不是招來厭惡的最佳方式。沒有人喜歡別人像在對傻瓜説話似的對他説話。這一點加深了説故事者完成任務的難度，不過這樣反而更好。

現在來到本書的尾聲。請將本書視為工具箱，裡面存放許多可供你啟動的鑰匙。希望我們已經幫助你改變了某些看法，激發了你的好奇心，並讓你生出挑戰述說技巧的意願。我們希望這本書能讓你朝著這個方向邁出第一步。

首先，選出一條說故事的規則，用它來進行創作。設計衝突點，放大它的強度。試著檢視廣告採用的方法。根據它們符合的類型進行排列。仔細觀察那些具體利用說故事技巧的廣告，同時也看看其他廣告，試著從中找出不妥的地方。這些廣告是否缺乏敘事張力？人物是否充分體現某種欲望？背景安排得好嗎？何不把你的傳播策略構想成一季電視影集。根據皮克斯提案，制定你接下來要發表的內容結構草案。或者乾脆用帶有「尋寶」或「重生」元素的故事入手。把你自己的職業生涯呈現出來，各種會面、失敗、意想不到的援助……總之競技場地無窮盡，就像應用程式千千萬。誰知道呢，也許這個練習會激發你的興趣，足以讓你動手寫出縈繞在心多年的故事？也許你會覺得有必要參加寫作研討班，讓自己接受他人的注視？無論如何，一路上會有我們預祝你碰到的所有痛苦。正如克里斯多福・布蘭所說，寫故事無疑是最令人振奮的事情之一，但也是最困難的事情之一。在娛樂或文化的框架中發展種種敘述，顯然不需要具備傳送訊息的必要條件。然而傳播的步驟正相反，傳遞訊息構成敘述的核心。同樣的，你也必須考慮你述說故事的對象。這些都屬於說故事技巧的必要條件，缺少這些條件，無論品牌、公司或專業人士說了什麼，沒有任何特定的對象，等於什麼都沒說。

馬戲團

本書從一條路開始，也在一條路上結束。我們來到德州，這次是19世紀中葉。陰冷的夜晚，兩名騎士頂著寒意前進。他倆的中間走著五個人，衣衫襤褸，雙腳拴著前後相連的鎖鍊，每個人都打著哆嗦，嘴裡呼出白煙。隊伍一瘸一拐地走著，此時遠方伴隨著微光傳來聲響，讓他們停了下來。兩個騎士舉起手上的燈，拿出溫徹斯特步槍上了膛。黑暗中出現一輛奇怪的馬車，由一匹馬牽著的拖掛。駕車的男人留著花白大鬍子，穿著灰色法蘭絨西裝。拖車頂上有顆巨大的臼齒固定在彈簧上，左搖右晃看起來頗為荒謬。原來那是招牌，用來表明駕車人士的職業，牙醫金・舒茲是也。這是2012年，昆汀・塔倫提諾的電影《決殺令》的開場場景。

舒茲的角色代表走街串巷的販子，行遍美國各地兜售他們的服務，或是賣些治療關節炎、脫髮或性冷感的靈丹妙藥。江湖騙子為了以高價出售他們的商品，張口就是各種可能的說辭、詭計和示範，甚至謊言，可想而知。作家保羅．費德維克（Paul Feldwick）表示[76]，今天的傳播，尤其是廣告宣傳，仍然繼承了不少這類人物早先使用的技術。這類人的終極代表就是著名的費尼斯．巴納姆（Phineas Taylor Barnum），同名馬戲團的創始人和所有者，也是「怪胎秀」的始作俑者，可以說，是他發明了演藝界。他還將自己定義為江湖騙子之王。巴納姆被視為廣告的發明者，在操縱觀眾這方面具有一定程度的天賦，因為觀眾樂於接受他的愚弄。儘管巴納姆打開了這條路，但他完全不是值得效仿的榜樣。說故事是利器，值得擁有自己的道德規範。我們很清楚，述說行動絕對不是信口開河，而是述說故事。道富環球公司[77]和他們的「無畏女孩」，正是引人注目的例子，完美說明了說故事行動的起源來自啟發，而不是有意操弄。商業和娛樂之間的界限漸漸模糊，迪士尼、亞馬遜、Netflix，或許還有蘋果公司[78]，這些品牌之間的較量進一步證明了這一點。樂高企業成功的傳播策略，主要基於電影和套裝系列產品，而且顯然引起了他人仿效。請注意，說故事不是新的點金石。它不會每次都把你的企畫案變成黃金。然而，它可以成為奠基石，固有的根本原則，就像姆指姑娘扔的石子一

76 Paul Feldwick, *The anatomy of humbug : how to think differently about advertising*, Matador, 2015.

77 見第9章。

78 2017年夏天，迪士尼宣布終止與串流媒體Netflix的合作關係，推出自己的影音平台。Netflix則是挖角美國王牌製作人珊達．瑞姆斯（Shonda Rhimes），她打造了許多成功的電視影集，主要是在隸屬迪士尼公司的ABC頻道。與此同時，蘋果公司表示準備投資十億美元製作原創影集，這應該是投入串流媒體服務，成為Netflix競爭對手的第一步。

樣，讓你總是能夠找到原來的路。不過這就是另一個故事了。現在你該做的就是開始寫吧！

走一趟莉蓮樂器行／Goin' down to Lillian's music store

買一條黑鑽吉他弦／To buy a black diamond string

我要裝弦吉他上／Gonna wind it up on my guitar

我要讓那銀弦唱／Gonna make that silver sing

《夢想之境》（*Dreamville*），

湯姆·佩蒂（Tom Petty），1950-2017

致謝

在此非常感謝樂意參與鍛練的各界人士，這段過程不無風險，而他們接受採訪，透露關於自己執業的點點滴滴：Louise Beveridge、Christophe Blain、Luc Chomarat、Pierre Chosson、Florence Martin-Kessler以及Jean-Denis Pallain。我只能由衷感謝各位對整個企畫的支持。各位的貢獻至關重要。

我還要感謝Nicolas Bordas和Hélène Tinlot的援助，促成了其中部分採訪。

非常感謝Christelle和Céline的信任、善意和寶貴的協助。

Hervé Aubron, *Génie de Pixar*, **Capricci Editions, 2011 Roland Barthes,** *Mythologies*, **Points, 1957**

Bruno Bettelheim, *Psychanalyse des contes de fées*, **Pocket, 1976**

Jean-Noël Blanc, *Dans l'atelier de l'écriture : on n'apprend pas à nager par correspondance*, **Thierry Magnier, 2017 Robert Bresson,** *Notes sur le cinématographe*, **Folio, 1975**

Christopher Booker, *The seven basic plots : why we tell stories*, **Bloomsbury Academic, 2005 Bobette Buster,** *How to tell your story so the world listens*, **The do book Company, 2013**

Jean-Laurent Cassely, *La révolte des premiers de la classe : métiers à la con, quête de sens et reconversions urbaines*, **Arkhé, 2017**

Ed Catmull, *Creativity, Inc. Overcoming the unseen forces that stand in the way of true inspiration*, **Random House, 2014**

Laurent Chalumeau, *Elmore Leonard, un maître à écrire*, **Rivages Écrits noirs, 2015**

Jean-Vic Chapus, Axel Cadieux, *La saga HBO : dans les coulisses de la chaîne qui a révolutionné les séries*, **Capricci, 2017**

Yves Citton, *Mythocratie. Storytelling et imaginaire de gauche*, **éditions Amsterdam, 2010 Shawn Coyne,** *The story grid : what good editors know*, **Black irish Entertainment, 2015**

Stéphane Dangel, *Storytelling, le guide*, **éditions du Désir, 2009**
Jean-Marie Dru, *Beyond disruption* **, John Wiley & Sons, 2002**
Jean-Marie Dru, *Disruption*, **John Wiley & Sons, 1996**
Umberto Eco, *Apostille au Nom de la rose,* **Le livre de poche, 1983**
Umberto Eco, *Confessions d'un jeune romancier*, **Grasset, 2011**
Lajos Egri, *The art of dramatic writing : it's basis in the creative interpretation of human. Motives*, **S & S International, 2004**
Sherry Ellis, *Now write! Fiction writing exercices from today's best writers and teachers*, **Tarcher Perigee, 2006 Paul Feldwick,** *The anatomy of humbug : how to think differently about advertising*, **Matador, 2015**
Seth Godin, *Le Storytelling en marketing : tous les marketeurs racontent des histoires*, **Maxima Laurent du Mesnil Editeur, 2011**
Nathalie Goldberg, *Writing down the bones : freeing the writer within*, **Shambhala, 2016 William Goldman,** *Adventures in the Screen Trade*, **Grand Central Publishing, 1983**
William Goldman, *Which lie did I tell ? More adventures in the screen trade* **, Vintage Books, 2000 Ann Handley,** *Everybody writes : your go-to guide to creating ridiculously good content*, **Wiley, 2014 Yuval Noah Harari,** *Sapiens : Une brève histoire de l'humanité*, **Albin Michel, 2015**
Jack Hart, *Storycraft : the complete guide to writing narrative nonfiction*, **The University of Chicago Press, 2011 Chip Heath, Dan Heath,** *Made to stick : Why some ideas take hold and others come unstuck*, **Cornerstone Digital, 2008**
John Hegarty, *On advertising : turning intelligence into magic*, **Thames & Hudson, 2011 Roger Horberry, Gyles Lingwood,** *Read me*, **Laurence King, 2014**

Nancy Huston, *L'espèce fabulatrice*, **Actes sud littérature, 2008**

Thomas Jamet, *Les nouveaux défis du brand content. Au-delà du contenu de marque*, **Pearson, 2013 Bernadette Jiwa,** *Meaningful : the story of ideas that fly*, **Perceptive Press, 2015**

Jean-Noël Kapferer, *FAQ : la marque. La marque en questions : réponses d'un spécialiste*, **Dunod, 2006 Jean-Noël Kapferer,** *Réinventer les marques*, **Eyrolles, 2013**

Stephen King, *Écriture, mémoires d'un métier*, **Le Livre de poche, 2000**

Bill Kovach, Tom Rosenstiel, *Principes du journalisme : ce que les journalistes doivent savoir, ce que le public doit exiger*, **Folio actuel, 2004**

Anne Lamott, *Bird by bird*, **Anchor Books, 1995 Leeclowsbeard,** *Leeclowsbeard*, **powerHouse Books, 2012**

Georges Lewi, *Mythologie des marques*, **Pearson Village mondial, 2009**

Teressa Lezzi, *The Idea Writers. Copywriting in a New Media and Marketing Era*, **Palgrave Macmillan, 2010 Marc Lits,** *Du récit au récit médiatique*, **De Boeck Université, 2008**

George Lois, *Damn good advice (for people with talent!)*, **Phaidon, 2012**

Scott McCloud, *L'art invisible*, **Delcourt, 2007**

Brian McDonald, *Invisible Ink : a practical guide to building stories that resonate*, **Libertary Co., 2010 Robert McKee,** *Story : contenu, structure, genre. Les principes de l'écriture d'un scénario*, **Dixit Editions, 2013**

Haruki Murakami, *Autoportrait de l'auteur en coureur de fond*, **10/18, 2007**

Joyce Carol Oates, *La foi d'un écrivain*, **Philippe Rey, 2004 David Ogilvy,** *La publicité selon Ogilvy*, **Dunod, 1983**

Nicolas Pélissier, Marc Marti, *Le storytelling : succès des histoires,* *histoire d'un succès*, **L'Harmattan, 2012 Benjamin Percy,** *Thrill me : essays on fiction*, **Graywolf Press, 2016**

Franck Plasse, *Storytelling : enjeux, méthodes et cas pratiques de communication narrative* **, Territorial Editions, 2011**

Steven Pressfield, *The war of art*, **Black irish Entertainment, 2002**

Steven Pressfield, *Turning Pro*, **Black irish Entertainment, 2012**

Christian Salmon, *Storytelling, la machine à fabriquer des histoires et à formater les esprits*, **La Découverte, 2007 Michel Serres,** *Petite Poucette*, **Le Pommier, 2012**

Mark Shaw, *Copywriting : successful writing for design, advertising and marketing*, **Laurence King, 2012 Simon Sinek,** *Commencer par le pourquoi*, **Performance, 2009**

Blake Snyder, *Save the cat*, **Michael Wiese Productions, 2005**

Brian Solis, *X : The experience. When business meets design*, **John Wiley & Sons, 2015 Constantin Stanislavski,** *La formation de l'acteur*, **Petite bibliothèque Payot Classiques, 2015 Jon Steel,** *Perfect pitch : the art of selling ideas and winning new business*, **Wiley, 2006**

Jon Steel, *Truth, lies and advertising : the art of account planning*, **Wiley, 2002**

Ronald B. Tobias, *20 master plots and how to build them*, **Writer's Digest Books, 2011**

John Truby, *L'anatomie du scénario. Cinéma, littérature, séries télé*, **Nouveau monde éditions, 2010 Mark Tungate,** *Adland : a global history of advertising*, **Kogan Page, 2007**

Sergio Zyman, *The end of advertising as we know it*, **John Wiley & Sons, 2002**